普通高等教育一流本科专业建设系列教材

人工智能与科学之美

周　彦　王冬丽　编著

科学出版社

北　京

内 容 简 介

本书主要讲述人工智能的发展历程、主要技术，以及在现代生活中的应用，具体包括人工智能概述、人工智能的实现、人工智能与机器视觉、人工智能与语音识别、人工智能与智能控制、人工智能的典型应用、人工智能与机器人、人工智能与智能汽车、发现人工智能的科学之美。本书旨在使读者通过对这些内容的学习，了解人工智能的发展趋势，具备人工智能的基本应用能力。本书的主要特点是全面、精准地介绍人工智能的发展概况，深入浅出地解析人工智能的原理与方法，结合案例剖析人工智能的应用领域。

本书可作为高等院校各专业通识教育课程的教材，也可供从事人工智能相关领域设计、开发、应用的工程技术人员学习参考，还可作为面向中学生和社会人士的科普读物。

图书在版编目（CIP）数据

人工智能与科学之美/周彦，王冬丽编著. —北京： 科学出版社，2022.8（2024.6 修订）

ISBN 978-7-03-070258-6

I. ①人… II. ①周…②王… III. ①人工智能 IV. ①TP18

中国版本图书馆 CIP 数据核字（2021）第 218802 号

责任编辑：孙露露 王会明 / 责任校对：赵丽杰
责任印制：吕春珉 / 封面设计：东方人华平面设计部

科学出版社 出版
北京东黄城根北街 16 号
邮政编码：100717
http://www.sciencep.com

三河市中晟雅豪印务有限公司 印刷
科学出版社发行 各地新华书店经销
*
2022 年 8 月第 一 版 开本：787×1092 1/16
2024 年 6 月第四次印刷 印张：12 1/4
字数：280 000

定价：42.00 元

（如有印装质量问题，我社负责调换）
销售部电话 010-62136230 编辑部电话 010-62138978-2010

前　言

自第三次科技革命以来，信息技术已经彻底改变了人们的生活方式和经济形态，创造出巨大的经济效益和社会效益。1956 年，达特茅斯会议首次提出“人工智能”的概念。2016 年，谷歌公司开发的 AlphaGo 打败世界围棋冠军李世石，它在中国棋类网站上以 Master 为注册账号与中日韩数十位围棋高手进行快棋对决，连续 60 局无一败绩。ChatGPT 的问世促使人工智能技术来到技术变革和产业爆发的临界点。当前，越来越多的企业看到了人工智能的价值所在，越来越多的领域已经燃起了人工智能的燎原之火。人工智能已经逐渐融入人们生活的方方面面，如智能家居、智能汽车、智能手机、智能机器人等。如今，我们已经站在人工智能时代的“十字路口”。

近几年，我国的人工智能发展极为迅速。2017 年，国务院印发《新一代人工智能发展规划》，明确了我国人工智能发展的战略目标：到 2030 年人工智能理论、技术与应用总体达到世界领先水平，成为世界主要人工智能创新中心。2017 年，工业和信息化部印发《促进新一代人工智能产业发展三年行动计划（2018—2020 年）》，预测未来几年将率先在智能网联汽车、智能服务机器人、智能无人机等八大领域取得突破。2019 年，《政府工作报告》首次提出“智能+”，这是人工智能第三次在《政府工作报告》中被提到。对比发现，对人工智能的描述已经从 2017 年的“加快”、2018 年的“加强”变为 2019 年的“深化”。这说明我国的人工智能产业已从初步发展阶段进入深入发展时期。2022 年，习近平总书记在党的二十大报告中提到：“加快建设制造强国、质量强国、航天强国、交通强国、网络强国、数字中国”，“推动制造业高端化、智能化、绿色化发展”，“构建新一代信息技术、人工智能、生物技术、新能源、新材料、高端装备、绿色环保等一批新的增长引擎”，“加快无人智能作战力量发展”等。人工智能将成为基础设施，为实现中国式现代化提供创新动能。

人工智能的崛起需要社会各层次人员学习、了解人工智能的发展、原理与应用情况。人工智能本身是一门基于计算机科学、生物学、心理学、神经科学、数学、自动化、通信和哲学等学科的科学和技术，它与几乎所有专业、领域、行业都有密切的联系。编者从 2010 年开始为在校本科生和研究生讲解人工智能的相关内容，从 2015 年开始为全校所有本科生开设人工智能相关通识教育课程，选课人数众多。在全国普遍要求普及人工智能知识的新形势下，迫切需要编写面向大学生、中学生甚至小学生以及社会各界人士的人工智能科普类教材。因此，编者在吸收多年教学经验与反馈的基础上将历年教案整理成本书。

本书共分为9章。第1章作为概述介绍人工智能的定义、发展、学派、功能以及与人类智能的关系。第2章阐述人工智能的实现，包括知识的特性、计算机如何表示知识以及人工智能在计算机上的实现方法等。第3～5章分别介绍人工智能的三个关键技术，包括机器视觉、语音识别和智能控制，第3章和第4章介绍人工智能系统的感知器官，分别模仿人的眼睛和耳朵；第5章介绍人工智能系统在对人类环境感知的基础上如何进行自动控制与决策，包括自动控制的基础思想、认知控制论、人工智能中的自动控制等。第6～8章分别介绍人工智能的典型应用、机器人和智能汽车，从案例引入、深入浅出，易让不同学科背景、不同年龄阶段的读者理解和接受。第9章介绍发现人工智能的科学之美，在阐述科学的本质和科学发展模式的基础上，从人工智能发展所体现的科学之美以及人工智能给人们生活带来的便利两个方面进行阐述。

本书主要有以下几个特色：

1）课程思政元素丰富，贯穿始终。在每一章节的撰写过程中，编者都特别重视课程思政元素的挖掘、凝练和融入，努力增强和培养学生的家国情怀、职业道德、工匠精神和社会责任感。

2）内容先进，深入浅出。人工智能的理论与应用正在飞速发展，内容非常丰富。编者尽量引用近几年人工智能理论的新技术和新应用案例，深入浅出地进行阐述。

3）结合案例，注重应用。第1、6、7、8章在阐述人工智能应用时，均从案例引入，以引导读者从应用中反思人工智能理论，使其具备应用新理论解决实际问题的能力。

4）配套教学资源丰富，可供读者学习和教师教学使用。本书配套MOOC课程，读者可以在中国大学MOOC平台上选择编者开设的“人工智能与科学之美”课程进一步深入学习；另外，本书还配套课件、教学大纲、微课视频等教学资源，有需要的读者可联系邮箱360603935@qq.com索取。

本书由周彦和王冬丽编著。周彦编写了第1～4章和第8、9章，王冬丽编写了第5～7章。

感谢湘潭大学智能信息处理与系统实验室的研究生们，他们收集、整理了本书的部分素材和文献。

人工智能技术发展的速度越来越快，尽管本书中包含了许多新的内容，但仍然会遗漏一些新的思想、方法和不断涌现的新技术。由于编者水平有限，书中不足之处在所难免，敬请读者批评指正。

目　录

第 1 章　人工智能概述 ······ 1

1.1　什么是人工智能 ······ 1

1.1.1　人工智能的概念 ······ 2

1.1.2　人工智能与人类智能 ······ 3

1.2　人工智能发展简史 ······ 5

1.2.1　人工智能的诞生（1936～1956 年） ······ 5

1.2.2　人工智能的起步期（1956～1974 年） ······ 6

1.2.3　人工智能的第一个低谷期（1974～1980 年） ······ 7

1.2.4　人工智能的应用发展期（1980～1989 年） ······ 7

1.2.5　人工智能的第二个低谷期（1989～1993 年） ······ 7

1.2.6　人工智能的稳步发展期（1993～2006 年） ······ 8

1.2.7　人工智能的蓬勃发展期（2006 年至今） ······ 8

1.3　人工智能对人类社会的影响 ······ 9

1.3.1　科技强国：从领军企业看人工智能 ······ 9

1.3.2　强人工智能是否会导致人类失业 ······ 11

1.3.3　多学科贡献 ······ 12

1.4　科学的百家争鸣：人工智能的三大学派 ······ 14

1.4.1　符号主义 ······ 15

1.4.2　连接主义 ······ 15

1.4.3　行为主义 ······ 16

1.4.4　三大学派的关系 ······ 17

1.5　给机器测智商：图灵测试 ······ 17

第 2 章　人工智能的实现 ······ 21

2.1　人类知识 ······ 21

2.1.1　知识与信息 ······ 22

2.1.2　信息的关联形式 ······ 22

2.2　知识的特性 ······ 22

2.2.1　知识的相对正确性 ······ 22

2.2.2 知识的不确定性 …… 24
2.3 计算机如何表示知识 …… 26
2.3.1 产生式表示法 …… 27
2.3.2 框架表示法 …… 28
2.3.3 知识图谱 …… 28
2.4 人工智能在计算机上的实现方法 …… 31
2.4.1 编程法 …… 31
2.4.2 模拟法 …… 32
2.4.3 联系与区别 …… 32
2.5 AlphaGo：深度学习与强化学习 …… 33
2.5.1 深度学习 …… 34
2.5.2 强化学习 …… 35
2.5.3 深度强化学习 …… 35
2.6 大数据、云计算与人工智能的相遇、相识、相知 …… 36
2.6.1 大数据 …… 36
2.6.2 云计算 …… 37
2.6.3 大数据、云计算与人工智能 …… 37
2.7 大模型与 ChatGPT …… 38
2.7.1 大模型 …… 38
2.7.2 生成式人工智能与 ChatGPT …… 39
2.7.3 其他生成式大模型 …… 39

第 3 章 人工智能与机器视觉 …… 42
3.1 给机器一双眼睛 …… 42
3.1.1 机器视觉的分类 …… 42
3.1.2 机器视觉实例 …… 43
3.2 如何让机器拥有视觉 …… 44
3.2.1 图像预处理 …… 44
3.2.2 边缘检测 …… 45
3.2.3 阈值分割 …… 45
3.2.4 图像匹配 …… 46
3.3 人类视觉与机器视觉 …… 48
3.3.1 人类视觉系统 …… 48
3.3.2 机器视觉系统优势 …… 48

3.3.3 机器视觉技术应用 ……49
3.4 人脸识别：慧眼识英雄 ……50
3.4.1 人脸识别技术 ……50
3.4.2 人脸识别的实现方式 ……50
3.4.3 人脸识别应用的现状与展望 ……52
3.5 指纹神话：指纹识别如何成为破案工具 ……52
3.5.1 指纹识别技术 ……53
3.5.2 指纹识别的实现方式 ……54
3.6 步态识别：走两步就知道你是谁 ……56
3.6.1 步态识别技术 ……56
3.6.2 步态识别的实现方式 ……57
3.7 虹膜识别：独一无二的人眼虹膜 ……58
3.7.1 虹膜识别技术 ……58
3.7.2 虹膜识别的实现方式 ……59

第 4 章 人工智能与语音识别 ……61
4.1 听声辨字：语音识别技术 ……61
4.1.1 基于语音学和声学的方法 ……62
4.1.2 模板匹配法 ……63
4.1.3 人工神经网络方法 ……64
4.2 自然语言处理：让机器能听懂人类的语言 ……65
4.2.1 自然语言处理的发展历程 ……66
4.2.2 自然语言处理过程的层次 ……67
4.3 文字识别：识文断字的机器人 ……68
4.3.1 机器翻译的发展历程 ……69
4.3.2 机器翻译与人工翻译的区别 ……71
4.3.3 机器翻译的发展前景 ……72
4.4 机器听觉与人的听觉 ……72
4.5 声音定位实现鸣笛抓拍 ……74

第 5 章 人工智能与智能控制 ……76
5.1 自动控制的诞生与发展 ……76
5.2 闭环负反馈 ……78
5.2.1 从孟母三迁看闭环负反馈 ……78

5.2.2 闭环负反馈：无处不在的控制思想 …… 80
5.3 钱学森与工程控制论 …… 82
5.3.1 “两弹元勋”钱学森 …… 82
5.3.2 工程控制论 …… 83
5.4 认知控制与人工神经网络 …… 84
5.4.1 认知控制 …… 84
5.4.2 人工神经网络 …… 84
5.5 人工智能系统中的自动控制 …… 87
5.5.1 机器人系统中的自动控制 …… 87
5.5.2 无人机系统中的自动控制 …… 88
5.5.3 无人驾驶汽车中的自动控制 …… 90
5.6 人工智能与智能控制 …… 92
5.6.1 模糊控制 …… 93
5.6.2 神经网络控制 …… 94
5.6.3 专家控制 …… 94
5.6.4 智能优化算法 …… 95

第 6 章 人工智能的典型应用 …… 99
6.1 让“想象”触手可及：人工智能与智能制造 …… 99
6.1.1 智能制造的关键技术 …… 99
6.1.2 智能制造的特征 …… 100
6.1.3 智能制造的发展趋势 …… 101
6.2 出行革命：人工智能与智能交通 …… 101
6.2.1 智能交通系统 …… 102
6.2.2 智能交通系统的构成 …… 102
6.2.3 智能交通系统的发展趋势 …… 104
6.3 Watson 医生：人工智能与智慧医疗 …… 104
6.3.1 精准诊断 …… 105
6.3.2 辅助治疗 …… 106
6.3.3 康复护理 …… 108
6.4 勤劳的农夫：人工智能与智慧农业 …… 109
6.4.1 智慧农业的概念 …… 109
6.4.2 智慧农业的发展趋势 …… 109
6.4.3 智慧农业的典型应用 …… 110

6.5 让家充满智慧：人工智能与智能家居 …… 112
6.5.1 智能家居 …… 112
6.5.2 智能家居的发展历程 …… 113
6.5.3 智能家居的未来趋势 …… 113

第7章 人工智能与机器人 …… 115
7.1 人工智能与机器人简介 …… 115
7.1.1 工业机器人 …… 116
7.1.2 特种机器人 …… 117
7.2 机器人发展简史 …… 117
7.2.1 世界机器人发展史 …… 117
7.2.2 我国机器人发展史 …… 120
7.3 机器人的构成 …… 121
7.3.1 机器人的手：机械臂 …… 121
7.3.2 机器人的腿 …… 123
7.3.3 机器人的大脑 …… 126
7.3.4 机器人的感知系统 …… 128
7.4 机器人三定律与人工智能伦理 …… 131
7.4.1 机器人三定律 …… 131
7.4.2 人工智能伦理 …… 132
7.5 典型工业机器人 …… 134
7.5.1 火花中的生产者：焊接机器人 …… 134
7.5.2 工厂中的整容高手：塑形机器人 …… 135
7.5.3 可怜的巴克特先生：装配机器人 …… 136
7.5.4 勤勤恳恳的装卸工：搬运机器人 …… 137
7.5.5 工业产品的喷涂师：喷涂机器人 …… 138
7.5.6 人与机器协作生产：协作机器人 …… 139
7.6 典型特种机器人 …… 140
7.6.1 多面小能手：服务机器人 …… 140
7.6.2 机甲勇士：军用机器人 …… 144
7.6.3 上天揽月、下海捉鳖：探索机器人 …… 149
7.7 机器人的前景展望 …… 154

第 8 章 人工智能与智能汽车……156
8.1 霹雳游侠：什么是智能汽车……156
8.1.1 智能汽车概述……156
8.1.2 智能汽车的发展阶段……157
8.2 百度无人驾驶汽车……158
8.2.1 百度无人驾驶汽车大脑的核心技术……159
8.2.2 百度无人驾驶汽车的人工智能技术……160
8.3 智能汽车的结构……161
8.3.1 智能感知系统……161
8.3.2 自主决策系统……164
8.4 智能汽车的优势……168
8.5 智能汽车面临的挑战……169

第 9 章 发现人工智能的科学之美……171
9.1 科学的本质……171
9.1.1 科学是一种知识……171
9.1.2 言传知识与意会知识……174
9.1.3 自然科学是关于物质和运动的认识……175
9.1.4 科学是一种社会建制……176
9.1.5 科学是一种活动……176
9.2 科学发展的模式……177
9.2.1 因经验积累而进步的发展模式……177
9.2.2 通过证伪而增长的发展模式……178
9.2.3 范式嬗替的科学革命模式……178
9.2.4 基于研究纲领进化的发展模式……179
9.3 人工智能的科学之美……179
9.3.1 人工智能发展的美……179
9.3.2 人工智能给人们生活带来的美……182

参考文献……184

第1章 人工智能概述

随着科学技术的发展和人类社会的进步，人工智能已经逐渐渗透到当今社会生活的各个领域，人工智能在自身不断发展进步的同时，也使人类的工作、学习、生活发生巨大的变化。人工智能应用的领域十分广泛，涉及大数据、云计算、机器视觉、指纹识别、人脸识别、步态识别、语音识别等多个方面。在这些方面，人工智能展现出不可替代的作用，体现了人工智能与科学之美。

本章主要介绍人工智能及人工智能与人类智能的关系、人工智能的诞生与发展、人工智能对人类社会的影响、人工智能的三大学派、图灵测试等。

1.1 什么是人工智能

使用一种人造的机器来模仿人类甚至超越人类不仅仅是现代人类的想法，早在2000多年前，《列子·汤问》中就记载了一段人们对智能机器人的幻想（见图1-1）。

图1-1 《列子·汤问》中的机器人

思想家列子，在书中描述了西周时期的能工巧匠制造了一种会跳舞的机器人，这个跳舞的机器人不仅会在人的指挥下跳舞，还具有人类的感知和情感特征，“跳舞机器人”居然对楚王美丽的妃子“一见钟情”，差点给制造机器的主人带来杀身之祸。原文中有一段是这样描述机器人的外貌特征的：“王谛料之，内则肝胆、心肺、脾肾、肠胃，外则筋骨、支节、皮毛、齿发，皆假物也，而无不毕具者。”意思就是楚王仔细观察机器人，只见它里面有五脏六腑、外部则是筋骨毛发等，虽然都是假的，但没有一样不具备。如果细读原文还可以发现文中将机器人的五脏六腑与感官功能相结合，在一定程度上体现了中国传统中医的理论。

1.1.1 人工智能的概念

在当代的科幻小说和影视作品中，对人工智能和机器人的想象更是丰富多彩，人们对智能机器人的最初印象也大多来自这些小说和影视作品。

2013 年的电影《她》[见图 1-2（a）]是一部很不寻常的爱情片，影片中男主爱上了女主萨曼莎，但她只是一个“智能语音”操作系统，神奇的是他们之间的爱却显得那么自然。在电影中“她”被描述得善解人意、知性、温柔、幽默，魅力十足，“她”不仅能帮助男主处理日常的琐事，还可以关注男主的心理状态，在大数据库中寻找最适合作为男主“安慰剂”的方法。如果你闭上眼睛甚至都不能发现“她”的声音仅仅只是计算机发出来的，“她”的种种行为只是程序的“反应”罢了。在电影的世界里，在人工智能的世界里，不仅仅只有如此充满魅力的智能语音。

另外，电影《超能陆战队》中的大白[见图 1-2（b）]作为一个医疗机器人，是那么可爱、那么智能。仅仅以其“白胖”的体型，就已然吸引了无数眼球，其智能性更是为他圈粉无数。“大白”能在男主受伤时自动检测男主伤势的严重程度，并进行相应的治疗，更为重要的是他能像人类一样关心男主的心理状态，给予他心灵上的安慰，对于不能解决的问题，也能通过学习来寻找最佳的解决方案。他不仅仅是男主的机器人，更是其最好的朋友。

（a）电影《她》

（b）电影《超能陆战队》

图 1-2 电影中人工智能的体现

从《列子·汤问》到电影《她》再到《超能陆战队》，其中的主角都是人工智能（artificial intelligence，AI）的一种体现。那么，什么是人工智能呢？“人工智能”英文名中 artificial 的意思是“人造的”，intelligence 的意思是“理解力”“智力能力”，两者结合在一起就是“智能模仿”“人造的智力能力”。那么，人工智能模仿的对象是谁呢？答案是模仿人的智能，当然也包括其他生物的智能。

通常情况下，我们给人工智能的定义是：人工智能是研究、开发用于模拟、延伸和扩展人或其他生物的智能的理论、方法、技术和应用系统的一门新的技术科学。人工智能的主要载体为机器人，涉及的领域有语音识别、自然语言处理、专家系统和图像识别等。

自1956年达特茅斯会议上人工智能概念被提出，人工智能概念已经发展了半个多世纪，许多人工智能产品如智能音箱、智能扫地机器人、智能医疗机器人、智能义肢等被研发出来。

1.1.2 人工智能与人类智能

iRobot 创始人之一科林·安格尔（Colin Angle）（见图1-3）曾说过：“社会如何应对人工智能是件有意思的事情，但人工智能肯定超酷。”从这句话可以看出，科林对于人工智能的发展是非常期待的。人工智能主要是通过计算机来模拟人类的智能的，因此需要先了解人类的智能是什么？它有哪些特点？

图1-3 iRobot 创始人之一科林

人类智能是知识与智力的总和。知识是结构化的信息，它是一切智能行为的基础；智力是人类获取知识并应用知识求解问题的能力。具体地说，人类智能具有以下四种能力。

第一种能力是感知能力，它是人类智能最基本的能力，人们可以通过眼、耳、手、口、鼻、皮肤等感觉器官感知外部世界，其中大约80%以上的信息是通过视觉获得的，10%左右的信息是通过听觉获得的。

第二种能力是记忆与思维能力。记忆是存储由感觉器官感知的外部信息以及将获取信息加工后所产生的新知识；思维是对记忆的信息进行处理，其中思维还分为逻辑思维、直感思维和顿悟三类。

第三种能力是学习能力。学习能力可能是自觉的、有意识的，也可能是不自觉的、无意识的；既可以是有教师指导的，也可以是自我实践的。

第四种能力是行为能力。行为能力又称为表达能力，如听、说、写、跑、跳、抓取等。概括地说，感知能力是输入，而行为能力是输出。

如果要让计算机系统模仿人类智能，就需要计算机系统也具有人类智能的四种能力，即感知能力、记忆与思维能力、学习能力、行为能力。机器感知类似于人类智能的感知能力，以机器视觉和机器听觉为主。机器思维类似于人类智能的记忆与思维能力，通过机器感知得来的外部信息和机器内部各种工作信息进行有目的的处理。机器学习类似于人类智能的学习能力，它能使机器自动地获取知识。机器行为类似于人类智能的行为能力，是计算机的表达能力，即“说”“写”“画”等能力。

机器感知通过各种先进的传感器实现，传感器精度越高，获取的信息越全面，但对应需要处理的数据也越多。以视觉为例，手机拍摄照片的像素越来越高，照片占用的存储空间就越来越大，计算机在处理这些图片时耗费的资源和时间也就越来越多。因此，有时为了提高计算效率，往往不一定要追求高精度。

机器学习是计算机提高智能的重要的手段之一，也是思维和决策的基础，因此，计算机的计算、存储、检索就显得尤为重要。

那么，人工智能会在将来的某一天超过人类智能吗？可以从两个层面来回答这个问题。在物理层面上，人工智能是对人的意识、思维的信息处理过程的模拟。人工智能模仿的对象是人类智能，尽管是模仿，但随着计算机能力的不断增强，人工智能已经在某些方面大大超过了人类智能。在精神层面上，人工智能与人类智能相比，在自我意识方面还存在很大差距。因此，在很长一段时间内，人工智能还将只是被用来帮助人类高效地开展生产生活等相关活动。正如计算机科学家高德纳（Donald Ervin Knuth）所说，“人工智能已经在几乎所有需要思考的领域超过了人类，但是在那些人类和其他动物不需要思考就能完成的事情上，还差得很远。”

1.2 人工智能发展简史

人工智能的发展可以概括为以下几个阶段。

1.2.1 人工智能的诞生（1936～1956 年）

促进人工智能产生与发展的三位重要人物如图 1-4 所示。英国数学家艾伦·图灵（Alan Turing）[见图 1-4（a）]于 1936 年创立了自动机理论；1950 年，其在著作《计算机器与智能》中首次提出“机器也能思维”，被誉为“人工智能之父”。美国数学家、电子数字计算机的先驱约翰·莫奇利（John Mauchly）[见图 1-4（b）]于 1946 年研制成功了世界上第一台通用电子数字计算机 ENIAC。美国著名数学家诺伯特·维纳（Norbert Wiener）[见图 1-4（c）]于 1948 年创立了控制论，控制论对人工智能产生影响，形成了行为主义学派。

（a）艾伦·图灵（Alan Turing）

（b）约翰·莫奇利（John Mauchly）

（c）诺伯特·维纳（Norbert Wiener）

图 1-4 促进人工智能产生与发展的重要人物

1954 年美国人乔治·德沃尔（George Devol）设计了世界上第一台可编程机器人。

1956 年夏天，人工智能概念诞生于一次历史性的聚会——达特茅斯会议，该会议由年轻的美国学者约翰·麦卡锡（John McCarthy）、马文·明斯基（Marvin Minsky）、纳撒尼尔·罗切斯特（Nathaniel Rochester）和克劳德·香农（Claude Shannon）共同发起，邀请特伦查特·摩尔（Trenchard More）、亚瑟·塞缪尔（Arthur Samuel）、艾伦·纽厄尔（Allen Newell）、赫伯特·西蒙（Herbert Simon）、雷·所罗门诺夫（Ray Solomonoff）、奥利弗·塞尔弗里奇（Oliver Selfridge）等（见图 1-5）参加，在美国达特茅斯学院举办了一场长达两个多月的研讨会，热烈地讨论用机器模拟人类智能的问题。会上，麦卡锡首次提出了“人工智能”这一概念，标志着人工智能的诞生，具有十分重要的历史意义。

约翰·麦卡锡（John McCarthy）

马文·明斯基（Marvin Minsky）

纳撒尼尔·罗切斯特（Nathaniel Rochester）

克劳德·香农（Claude Shannon）

特伦查特·摩尔（Trenchard More）

亚瑟·塞缪尔（Arthur Samuel）

艾伦·纽厄尔（Allen Newell）

赫伯特·西蒙（Herbert Simon）

雷·所罗门诺夫（Ray Solomonoff）

奥利弗·塞尔弗里奇（Oliver Selfridge）

图 1-5　达特茅斯会议的主要参与者

1.2.2　人工智能的起步期（1956～1974 年）

1956 年，塞缪尔在计算机上研制成功了具有自学习、自组织和自适应能力的西洋跳棋程序。1957 年，纽厄尔等研制成功了一个称为逻辑理论机的数学定理证明程序。1958 年，麦卡锡建立了行动规划咨询系统。1960 年，纽厄尔等研制成功了通用问题求解程序；麦卡锡研制成功了人工智能语言 LISP（list processing，列表处理）。1961 年，明斯基发表了论文《迈向人工智能的步骤》，推动了人工智能的发展。1966 年，德裔计算机科学家约瑟夫·魏岑鲍姆（Joseph Weizenbaum）开发出世界上第一个聊天机器人伊丽莎（Eliza）。1967 年，最近邻算法的出现使得计算机可以进行简单的模式识别。

西蒙曾于 1956 年预言：“20 年内，机器将代替人类所能做的一切。”显然，这一预言过于乐观了。

1965 年，鲁滨逊（J. A. Robinson）提出的归结原理能力有限，当用归结原理证明“两连续函数之和仍然是连续函数”时，推了 10 万步也没证明出来。美国 IBM 公司和乔治敦大学合作研发的英俄机译系统，由于采用了“逐词替换”方式，把“心有余而力不足”的英文句子翻译成俄语，再翻译过来时竟变成了“酒是好的，肉变质了”。

1.2.3 人工智能的第一个低谷期（1974～1980年）

进入20世纪70年代，人工智能开始受到批评，英国剑桥大学数学家詹姆斯·威尔金森（James Wilkinson）按照英国政府的旨意，发表了一份关于人工智能的综合报告，声称“人工智能即使不是骗局也是庸人自扰”。人工智能研究者们对项目难度评估不足，导致承诺无法兑现。受限于当时计算机的性能，同时由于美英政府于1973年停止向没有明确目标的人工智能研究项目拨款，人工智能研发变现周期拉长，行业遇冷。

1.2.4 人工智能的应用发展期（1980～1989年）

20世纪80年代，机器学习取代逻辑计算，“知识处理”成为人工智能研究的焦点。知识工程、专家系统、语义网同步兴起，其中专家系统的研究和应用最为突出，它主要模拟人类专家的知识和经验来解决特定领域的问题，实现了人工智能从理论研究走向实际应用、从一般推理策略探讨走向运用专门知识的重大突破。例如，美国卡内基·梅隆大学为数字设备公司设计了一个名为XCON的专家系统；美国斯坦福大学开发了医疗专家系统MYCIN用于血液感染病的诊断、治疗和咨询服务。专家系统在医疗、化学、地质等领域取得成功，推动了人工智能步入应用发展的新高潮。

在此阶段，机器人、计算机视觉、自然语言理解、机器翻译等人工智能应用研究也获得了发展。同时也出现了新的问题，如专家系统存在的应用领域狭窄、缺乏常识性知识、知识获取困难等问题。

1.2.5 人工智能的第二个低谷期（1989～1993年）

专家系统的实用性只局限于特定领域，行业发展再次遇到瓶颈。从20世纪80年代末到20世纪90年代初，人工智能遭遇了一系列财政问题。1990年，人工智能DARPA（美国国防高级研究计划局）项目失败，美国政府投入缩减，宣告人工智能步入第二个低谷期。XCON等最初大获成功的专家系统维护费用居高不下，难以升级，失去了存在的理由，一夜之间这个价值5亿美元的产业土崩瓦解。不过，同时期BP（back propagation，反向传播）神经网络的提出为之后机器感知、交互能力的发展奠定了基础。

1.2.6 人工智能的稳步发展期（1993～2006年）

这一时期人工智能的主流技术是机器学习，统计学习理论的发展使得机器学习进入稳步发展期。另外，网络技术特别是互联网技术的发展，加速了人工智能技术的创新研究，促使人工智能技术进一步走向实用化。1993年，德国计算机科学家于尔根·施米德胡贝（Jürgen Schmidhuber）解决了一个“非常深度的学习”任务，这个任务需要1000多个递归神经网络层，这是神经网络在复杂性和能力上的一个巨大飞跃。1995年，美国科学家弗拉基米尔·瓦普尼克（Vladimir Vapnik）等正式提出统计学理论。1997年，美国IBM公司的超级计算机“深蓝”战胜了国际象棋世界冠军加里·卡斯帕罗夫（Гарри Каспаров），成为首个在标准比赛时限内击败国际象棋世界冠军的计算机系统。2002年，美国iRobot公司推出了吸尘器机器人Roomba，它能避开障碍，自动设计行进路线，还能在电量不足时自动驶向充电座。2005年，美国波士顿公司开始研究设计机器人BigDog。

在这一阶段，关于智能体的研究也成为人工智能的热点。1993年，美国斯坦福大学的约阿夫·肖哈姆（Yoav Shoham）提出面向智能体的程序设计。1995年，美国科学家斯图尔特·罗素（Stuart Russell）和皮特·诺维格（Peter Norvig）出版了*Artificial Intelligence:A Modern Approach*一书，提出“将人工智能定义为对从环境中接收感知信息并执行行动的智能体的研究”。

1.2.7 人工智能的蓬勃发展期（2006年至今）

2006年，“深度学习之父三巨头”杰弗里·辛顿（Geoffrey Hinton）、杨立昆（Yann LeCun）、约书亚·本吉奥（Yoshua Bengio）联合发表了具有突破性的一篇论文*A Fast Learning Algorithm for Deep Belief Nets*（深度置信网络的快速学习方法），从理论上解决了原有神经网络规模无法扩展和无法处理复杂情况的问题，直接推动机器深度学习理论取得突破，自此人工智能进入了蓬勃发展期。机器学习、人工智能网络、智能机器人和行为主义研究趋向热烈和深入。智能计算弥补了人工智能在数学理论和计算上的不足，使人工智能进入一个新的发展时期。随着大数据、云计算、互联网、信息技术的发展，大幅跨越了科学与应用之间的技术鸿沟，诸如图像分类、语音识别、知识问答、人机对弈、无人驾驶等人工智能技术实现了从“不能用”、“不好用”到“可以用”的技术突破，迎来爆发式增长的新高潮。

1956年出席达特茅斯会议的部分代表于2006年在美国举办的“人工智能诞生50周年”会议上重逢（见图1-6），这也是一场具有历史性的会议。

图 1-6 “人工智能诞生 50 周年”会议部分代表合影

1.3 人工智能对人类社会的影响

1.3.1 科技强国：从领军企业看人工智能

人工智能正在引领着一场新的技术革命，人类在不久的将来将全面进入人工智能时代。对于中国而言，人工智能的发展是一个历史性的战略机遇，对缓解未来人口老龄化压力、应对可持续发展挑战及促进经济结构转型升级至关重要。

第四次工业革命正在进行，而人工智能已经从科幻逐步走入现实。从 1956 年人工智能这个概念被首次提出以来，人工智能的发展几经沉浮。随着核心算法的突破、计算能力的迅速提高以及海量互联网数据的支撑，人工智能终于在 21 世纪的第二个十年里迎来质的飞跃，成为全球瞩目的科技焦点。这自然也少不了中国的参与，中国涌现了一大批优秀的人工智能高科技企业。在中国庞大的人工智能市场中，企业竞争也日趋白热化，有力地推动了中国人工智能产业企业不断向前发展，如百度、科大讯飞、旷视科技等企业先后在人工智能领域有所突破。

百度基于 16 年的深厚积累，在 2016 年 9 月的百度世界大会上正式发布百度大脑（见图 1-7），同时宣布对外开放百度大脑 AI 核心技术。

百度大脑 AI 核心技术包括以下五个方面。

1）深度学习。2012 年，百度开始研发深度学习技术，并于当年上线语音识别和图像识别应用。2013 年，百度成立深度学习研究院。2017 年，由中华人民共和国国家发展和改革委员会批复，百度牵头筹建了国内唯一的深度学习技术及应用国家工程实验室，百度作为“领头雁”引领中国深度学习核心技术研发。

2）语音技术。百度语音技术基于业界领先的声学模型和语音模型，将声音与文字信息相互转换，可用于智能导航、语音输入、语音搜索、智能客服、文字有声阅读等场景，主要包括语音识别、语音合成和语音唤醒三大能力。

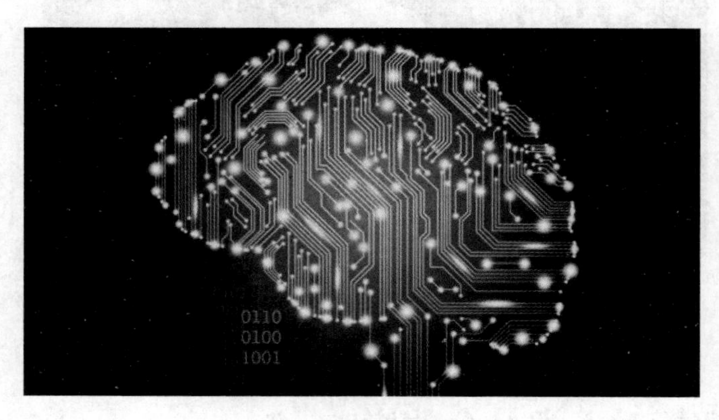

图 1-7 百度大脑

3）视觉技术。百度大脑基于深度学习算法，能输出多种核心人工智能视觉技术，包括图像处理技术（可实现图像识别、人脸识别与人体识别）、视频技术、AR（augmented reality，增强现实）技术与VR（virtual reality，虚拟现实）技术等。其中，百度大脑图像处理技术可智能识别图像类别、内容和含义，支持基于图像识别的场景应用。百度大脑视频技术具有视频分析、内容选图、对比检索、内容审核等能力。

4）自然语言处理技术。百度自然语言处理技术包括情感倾向分析、评论观点抽取、对话情绪识别、智能写作、文本审核、机器翻译等。自然语言处理技术的目的就是让机器能够处理和生成人类语言，从而具备人类的思考和理解能力。

5）知识图谱。百度知识图谱是全球最大规模中文知识图谱，截至2020年8月，拥有超过50亿实体和5500亿事实，并在不断演进和更新。百度知识图谱面向开放域多形态数据的知识挖掘技术及高性能图检索和计算框架，突破了传统知识获取规模小、成本高、效率低的瓶颈，实现了千亿级知识的实时查询和计算。在知识图谱规模、图谱数据容量及检索性能等指标上均达到国际领先水平。百度知识图谱技术产品已覆盖100多个行业场景，每天的调用次数超过400亿次，在包括医疗、金融、能源等多个行业领域广泛落地。

百度大脑持续不断地开放，让越来越多的行业和企业变得越来越智能，借助人工智能提升效率，创造新价值。百度AI能力已被广泛应用于医疗、零售、金融和安防等不同领域，让任何人在任何地方，都能通过百度平等获取顶尖的AI能力。例如，2017年，北京工业大学的四位学生利用百度PaddlePaddle开源平台上的深度学习模型，通过机器学习和模型训练制造了一台智能桃子分拣机，从形状、大小、色泽、光洁度等多维度对桃子进行自动分级，从而实现自动分拣。

中国的另一领军企业科大讯飞也发展迅猛。科大讯飞是一家专业从事智能语音及语音技术研究、软件及芯片产品开发、语音信息服务的国家级骨干软件企业。科大讯飞作为中国最大的智能语音技术提供商，在智能语音技术领域有着长期的研究积累，并在中文语音合成、语音识别、口语评测等多项技术上拥有国际领先的成果。2020 年 12 月 3 日，全球中文学习平台落户暨科大讯飞未来港启幕仪式在青岛市科大讯飞未来港隆重举行。全球中文学习平台是在我国教育部和国家语言文字工作委员会指导下，由科大讯飞建设和运营的智能语言学习平台。

此外，旷视科技等独角兽企业也正在人工智能领域蓬勃发展。旷视科技成立于 2011 年，以深度学习和物联传感技术为核心，立足于自有原创深度学习算法引擎 Brain++，布局金融安全、城市安防、手机 AR、商业物联和工业机器人五大核心行业，致力于为企业级用户提供全球领先的人工智能产品和行业解决方案。

随着人工智能的充分发展以及劳动生产率和生产力水平的提升，人们的生活体验将更加丰富多彩，人们将更多地从体力劳动乃至常规性的脑力劳动中解放出来，投入到创造性的活动当中。人工智能技术的突飞猛进正不断改变着零售、农业、物流、教育、医疗、金融、商务等行业的发展模式，重构生产、分配、交换、消费等各环节，从而极大地提高这些行业的运转效率。

为抢抓人工智能发展的重大战略机遇，构筑我国人工智能发展的先发优势，加快建设创新型国家和世界科技强国，我国于 2017 年 7 月发布了《国务院关于印发新一代人工智能发展规划的通知》（国发〔2017〕35 号），提出到 2020 年，我国人工智能总体技术和应用与世界先进水平同步；到 2025 年，人工智能基础理论实现重大突破，部分技术与应用达到世界领先水平，人工智能成为带动我国产业升级和经济转型的主要动力；到 2030 年，人工智能理论、技术与应用总体达到世界领先水平，成为世界主要人工智能创新中心。未来，我们会从更多方面感受到人工智能对人类生活的改变。未来，我们会从更多方面感受到中国在科技强国战略布局上的蓬勃发展。

1.3.2 强人工智能是否会导致人类失业

前文介绍了什么是人工智能。人工智能的定义总体来说可以分为四个层次：像人一样思考、像人一样行动、理性地思考、理性地行动。人工智能先驱麦卡锡说：“人工智能是想让机器的行为看起来就像是人所表现的智能行为一样。”这就是前面“像人一样行动”的一种准确表述。

目前人工智能分为强人工智能和弱人工智能两大类。

强人工智能被认为是有可能制造出真正能推理和解决问题的有知觉、有自我意识的智能机器。它可分为两类：第一类是类人的人工智能，也就是说机器的推理就像人的思维一样；第二类是非类人的人工智能，即机器产生了和人完全不一样的知觉意识，使用和人完全不一样的推理方式。

弱人工智能又被称为专用人工智能，很多专家认为不可能制造出真正能推理和解决问题的有知觉、有自我意识的智能机器，这些机器并未真正拥有智能，也没有自主意识。例如，银行的客服机器人就是弱人工智能的机器，它只能在特定的条件下完成特定的任务，一旦离开相应条件，它就没法自主地去学习并完成新任务。

美国哲学家约翰·希尔勒（John Searle）认为即使有机器通过了图灵测试，也不一定说明机器就真的能像人一样有思维和意识。美国哲学家丹尼尔·丹尔特（Daniel Dennett）则认为，人也不过是一台有灵魂的机器而已，为什么“人可以有智能，而普通机器就不能”呢？他认为数据转换机器是有可能有思维和意识的。

目前大量科研工作还在弱人工智能阶段，现有智能机器仅仅能解决某个方面的问题，而非通用型的强人工智能。

除此之外，“强人工智能”一词的出现还带来一系列社会争论，目前社会关注度最高的一个问题是：强人工智能会使很多人失业吗？首先，人工智能是人类的工具，是一种把人类从艰苦、危险、繁重的体力劳动中解放出来的手段。一个主体因为有了工具而害怕自己被淘汰听起来有一点荒谬，而且尽管人工智能技术飞速发展，在实际应用中取得了一些成就，但人类对自己智能的研究尚处在初级阶段，很多关键技术还没有得到解决。其次，新技术创造的工作远远大于消灭的工作。新技术的应用，必然会创造出新的行业，经济增长也必然会带来更多的就业岗位。

纵观历史，科技进步即使取代了人类的一部分工作，但是同时又派生出更多的工作。动力时代，大大增加了城市产业用工量，导致人力资源不足；电气时代，电气、化学、石油等新兴产业增加了大量就业机会，需要更高层次的人才；信息时代，创造了大量的新岗位，例如，仅从事软件开发的程序员，目前全球就有2000多万人；人工智能时代，催生了大量产业，人才需求旺盛，各大公司重金招聘精通调参的深度学习工程师。综上所述，未来被淘汰的不是工作，而是技能。

因此，我们应以积极的心态迎接人工智能带来的机遇与挑战，相信在不久的将来，人工智能将成为中国科技的核心竞争力，使大家的生活变得更轻松、更幸福、更快乐。

1.3.3 多学科贡献

人工智能来源于各个学科，又作用于各个学科。那么，哪些学科对人工智能有贡献呢？主要包括哲学、神经科学、心理学、数学、计算机科学等。这些学科对人工智能的发展起到了不可忽略的作用。

哲学思想贡献可以总结为以下四个问题。

问题1：形式化规则能用来抽取合理的结论吗？

问题2：意识是如何从物质的大脑中产生出来的？

问题3：知识是从哪里来的？

问题4：知识是如何导致行动的？

问题1的结论是肯定的，即可以用一个规则集合描述意识的形式化的、理性的部分。唯物主义认为：大脑依照一定定律运转而形成了意识，自由意志也就简化为对出现在选择过程中可能选择的感受方式。问题2的结论存在两种选择：认为世界只有一个本原的一元论和主张世界有意识和物质两个独立本源的二元论。对于问题3，英国哲学家约翰•洛克（John Locke）指出："无物非先感而后知。"英国哲学家大卫•休谟（David Hume）提出归纳原理："一般规则是通过揭示形成规则的元素之间的重复关联而获得的。"问题3的结论是知识来自于实践。古希腊思想家亚里士多德认为："行动是通过目标与关于行动结果的知识之间的逻辑来判定的。"他的进一步阐述指出："要深思的不是结局而是手段，手段在分析顺序中是最后一个，在生成顺序中是第一个。"问题4的结论就是知识用于指导行动去达到目的。

数学是与人工智能紧密联系的学科，同样数学也提出了三个思想，可总结为以下三个问题。

问题1：什么是抽取合理结论的形式化规则？

问题2：什么可以被计算？

问题3：如何用不确定的知识进行推理？

人工智能成为一门规范科学要求在三个基础领域完成一定程度的数学形式化，即逻辑、计算和概率。1847年英国数学家乔治•布尔（George Boole）完成了形式逻辑的数学化，即命题逻辑，或称布尔逻辑；德国数学家弗雷格于1879年扩展了布尔逻辑，使其包含对象和关系，创建了一阶谓词逻辑。对于问题1，结论就是形式化规则等同于命题逻辑和一阶谓词逻辑。那么什么可以被计算呢？简单来说，可以被计算，就是要找到一个算法。但不仅限于此，可计算性和算法复杂性理论才是人们需要的。数学对人工智能的第三个贡献是概率理论，很多数学家都推进了概率理论的发展并引入了新的统计方法论；贝叶斯提出了根据证据更新概率的法则（贝叶斯公式/条件概率公式）。于是得到问题3的结论：使用贝叶斯理论可以进行不确定性推理。

如何决策以获得最大收益？在他人不合作的情况下如何做到这点？在收益遥遥无期的情况下如何做到这点？这是从经济学角度提出的三个问题，它们可以用效用理论、决策理论和运筹学解决。在智能体系统中使用决策理论越来越重要。

神经科学可以解释人类大脑是如何处理信息的。神经科学是研究神经系统特别是大脑的科学，虽然几千年来人类一直赞同大脑以某种方式与思维相联系，但是直到18世纪中期人类才广泛地承认大脑是意识的居所。简单细胞的集合能够导致思维、行动和意识，换句话说，大脑产生意识。

那么，计算机和人类大脑有什么区别呢？大脑的活动过程对计算机工作过程有启发。通过计算机和人脑的对比（见表1-1）可以看到，尽管计算机在原始的转换速度上是大脑的100万倍，但是大脑在记忆每秒更新次数上是计算机的10万倍。

表1-1 计算机和人脑的对比

指标	计算机	人脑
计算单元数	1个CPU/10^8逻辑门	10^{11}个神经元
存储单元数	10^{10}bit RAM	10^{11}个神经元
	10^{11}bit 磁盘	10^{11}个神经元
运算周期时间	10^{-9}s	10^{-3}s
带宽	10^{10}bit/s	10^{14}bit/s
记忆每秒更新次数	10^9	10^{14}

人工智能怎样才能在自己的控制下运转呢？美国数学家维纳的控制论给了我们答案，根据这一理论，一个机械系统完全能进行运算和记忆。他在反馈理论上的研究认为：所有人类智力的结果都是一种反馈的结果，通过不断地将结果反馈给机体而产生动作，进而产生了智能。

图1-8 诺姆·乔姆斯基（Noam Chomsky）

1957年，美国语言学家诺姆·乔姆斯基（Noam Chomsky）（见图1-8）的《句法结构》出版，书中颠覆了行为主义，认为反馈理论不能解释儿童为什么能理解和构造他们以前没有听到的句子，而乔姆斯基关于语法模型的理论则能够解释这个现象，并且足够形式化。乔姆斯基理论的影响一直持续到20世纪80年代末，它解决了语言和思维是如何联系的问题。

1.4 科学的百家争鸣：人工智能的三大学派

互联网内容的大规模、异质多元、组织结构松散的特点，给人们有效获取信息提出了挑战。于是，谷歌公司于2012年首先发布了知识图谱。知识图谱是一种在互联网环境下的知识表示方法。它的作用是提高搜索引擎的能力，改善用户的搜索质量以及搜索体验。知识图谱，又称科学知识图谱，通过可视化技术、采用各种不同的图形来描述知识资源及其载体，挖掘、分析、构建、绘制和显示知识及它们之间的相互联系。通过机器实现模仿人类的行为，使机器具有人类的智能，是人类长期以来追求的目标。知识图谱发布后，不同学科的学者对人工智能给出了各自的理解，提出了不同的观点，由此产生了不同的学派。对人工智能研究影响较大的主要有符号主义、连接主义和行为主义三大学派。

1.4.1　符号主义

符号主义是一种基于逻辑推理的智能模拟方法。符号主义学派又称为逻辑主义学派、心理学派、计算机主义学派、功能模拟学派，其主要观点是：知识的基础是符号，思维过程是符号模式的处理过程。代表成果有专家系统、机器定理证明、国际象棋 AI 等。长期以来，符号主义学派一直在人工智能研究中处于主导地位。符号主义学派致力于用计算机的符号操作来模拟人类的认知过程，其实质是模拟人的左脑抽象逻辑思维。符号主义学派通过研究人类认知系统的功能机理，用某种符号来描述人类的认知过程，并把这种符号抽离出来输入到能处理符号的计算机中，从而模拟人类的认知过程。符号主义学派认为：知识表示是人工智能的核心，认知就是处理符号，推理就是采用启发式知识及启发式搜索对问题求解的过程，而推理过程又可以用某种形式化的语言来描述。

纽厄尔和西蒙两位科学家在 1975 年因人工智能方面的基础贡献被授予图灵奖。费根鲍姆师从西蒙教授，最早倡导“知识工程”，并使知识工程成为人工智能领域中取得实际成果最丰富的、影响也最大的一个分支。

1.4.2　连接主义

连接主义是一种基于神经网络及网络间的连接机制与学习算法的智能模拟方法。连接主义学派又称为仿生学派、生理学派、结构模拟学派，其主要观点是：人工智能源于仿生学，可以通过模仿人脑结构来实现。这个学派的代表人物包括弗兰克·罗森布莱特（Frank Rosenblatt）[见图 1-9（a）]、伯纳德·威德罗（Bernard Widrow）[见图 1-9（b）]、霍夫（M. Hoff）等。代表成果有人工神经网络、语音识别、图像处理、模式识别等。

连接主义学派从神经生理学和认知科学的研究成果出发，把人的智能归结为人脑的高层活动的结果，强调智能活动是由大量简单的单元通过复杂的相互连接后并行运行的结果。其中，人工神经网络就是其典型的代表性技术。基于神经网络的智能模拟方法就是以工程技术手段模拟人脑神经系统的结构和功能为特征，通过大量的非线性并行处理器来模拟人脑中众多的神经元，用处理器的复杂连接关系来模拟人脑中众多神经元之间的突触行为。这种方法在一定程度上实现了人脑形象思维的功能，即实现了对人的右脑形象抽象思维功能的模拟。

（a）弗兰克·罗森布莱特
（Frank Rosenblatt）

（b）伯纳德·威德罗
（Bernard Widrow）

图 1-9 连接主义学派代表人物

1.4.3 行为主义

行为主义学派最早来源于 20 世纪初的一个心理学学派，在人工智能领域，又称为进化主义学派、控制论学派、行为模拟学派。行为主义学派认为智能主要取决于感知和行为，感知是系统的输入，行为是系统的输出。代表人物是罗德尼·布鲁克斯（Rodney Brooks），如图 1-10 所示。代表成果有昆虫机器人（见图 1-11）、类人机器人等。

图 1-10 罗德尼·布鲁克斯
（Rodney Brooks）

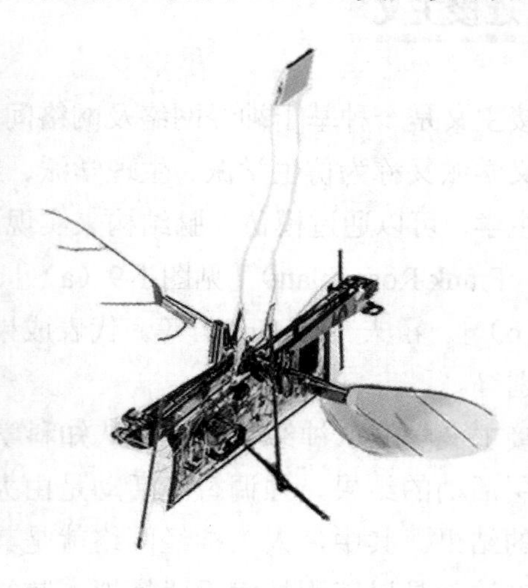

图 1-11 昆虫机器人

行为主义学派认为行为是有机体用以适应环境变化的各种身体反应的组合，理论目标在于预见和控制行为。控制论把神经系统的工作原理与信息理论、控制理论、逻辑以及计算机联系起来。行为主义学派早期的研究工作重点是模拟人在控制过程中的智能行为和作用，对自寻优、自适应、自校正、自镇定、自组织和自学习等控制论系统进行研究，并进行“控制动物”的研究。到 20 世纪六七十年代，上述这些控制论系统的研究取得一定进展，并在 20 世纪 80 年代诞生了智能控制和智能机器人系统。

1.4.4　三大学派的关系

下面从理论方法和技术路线两个方面对三大学派进行比较。

在理论方法方面，符号主义学派着重于功能模拟，提倡用计算机模拟人类认识系统所具备的功能和机能；连接主义学派着重于结构模拟，通过模拟人的生理网络来实现智能，着重于行为模拟；行为主义学派着重于行为模拟，依赖感知和行为来实现智能。

在技术路线方面，符号主义学派依赖于软件路线，通过启发性程序设计，实现知识工程和各种智能算法；连接主义学派依赖于硬件设计，如 VLSI（very large scale integration，超大规模集成电路）、脑模型和智能机器人；行为主义学派利用一些相对独立的功能单元，组成分层异步分布式网络，为机器人研究提供基础。

三大学派在人工智能不同阶段独立发展，分别交替占据着主流地位。每一个学派都有自己的优势。例如，连接主义学派做感知模拟非常有效，做视觉语音识别和分类等效果显著，但做推理效果则不尽如人意，符号主义学派则特别适合做推理。

目前人工智能的研究发展需要把这三大学派统一起来，因为未来要达到强人工智能，感知、认知、推理、记忆的功能都必不可少。

1.5　给机器测智商：图灵测试

人类可以通过智商测试了解自己的智商，有人可能觉得这很无聊，也有人觉得很有趣，这和智商无关，只跟生活态度有关系。那么，机器是否也能测智商呢？答案是肯定的。判断机器是否具有类似人类智能的方法叫“图灵测试”。

图灵测试的发展历程如下。

1936 年，哲学家阿尔弗雷德·艾耶尔（Alfred Ayer）思考心灵哲学问题：我们怎么知道其他人曾有同样的体验。在《语言，真理与逻辑》中，艾耶尔提出有意识的人类及无意识的机器之间的区别。

1950 年，图灵提出了著名的图灵测试：如果一台机器能够与人类展开对话（通过电传设备）而不能被辨别出其机器身份，那么称这台机器具有智能。

1952 年，在一场 BBC 广播中，图灵谈到了一个新的具体想法：让计算机冒充人来和人进行谈话。如果不足 70%的人判对，也就是超过 30%的裁判误以为和自己说话的是人而非计算机，那就算作成功。

图灵测试最终定义为：测试者与被测试者（一个人和一台机器）在隔开的情况下，通过一些装置（如键盘）向被测试者随意提问。进行多次测试后，如果机器让每个参与者做出超过 30%的误判，那么这台机器就通过了测试，并被认为具有人类智能。图灵还进一步预测称，到 2000 年，人类应该可以用 10GB 的计算机设备制造出可以在 5min 的问答中骗过 30%成年人的人工智能。

实际上，并不是所有人都对图灵测试表示认可，在科学界也存在一些质疑的声音。1980 年，美国加利福尼亚大学伯克利分校的哲学教授约翰·塞尔（John Searle）（见图 1-12）发表了一篇题为“*Minds，Brains，and Programs*”的论文。

图 1-12　约翰·塞尔（John Searle）

在这篇论文中，塞尔旗帜鲜明地反对图灵，他认为：一个计算机程序通过图灵测试并不意味着它具有智能，而至多只能是对智能的一个模拟。为了论证自己的观点，塞尔提出了一个名为“中文屋”（Chinese room）的思想实验。

“中文屋”实验（见图 1-13）提出了这样一种设想，想象一个从小说英语且完全不会中文的人被反锁在一个房间里。房间里有一盒中文卡片和一本规则书（rule book）。这本规则书用英文撰写，告诉房间里的人关于如何操作中文卡片的规则，但并没有告诉这个人任何一个中文文字或者中文词句所表示的含义。这本规则书不是汉英字典，只是一个操作特定中文卡片的规程。这本规则书的本质其实是一个程序（任何一个图灵机上可运行的程序都可以被写成这样一本规则书）。现在，房间外面有人向房间内递送纸条，纸条上用中文写了一些问题（输入）。假设房间内的规则书（程序）写得非常好，以至于房间里的人只要严格按照规则书操作，就可以用房间内的中文卡片组合出一些词句（输出）来完美地回答输入的问题。于是，这个人提供的输出通过了关于"理解中文"这个心智状态的图灵测试。然而塞尔指出，这个人仍然一点都不会中文。更进一步，无论是在这个房间中还是考虑这个房间整体，都找不到任何理解中文的心智存在（There is no mental state of understanding Chinese in the room），从而可以证明他的观点。

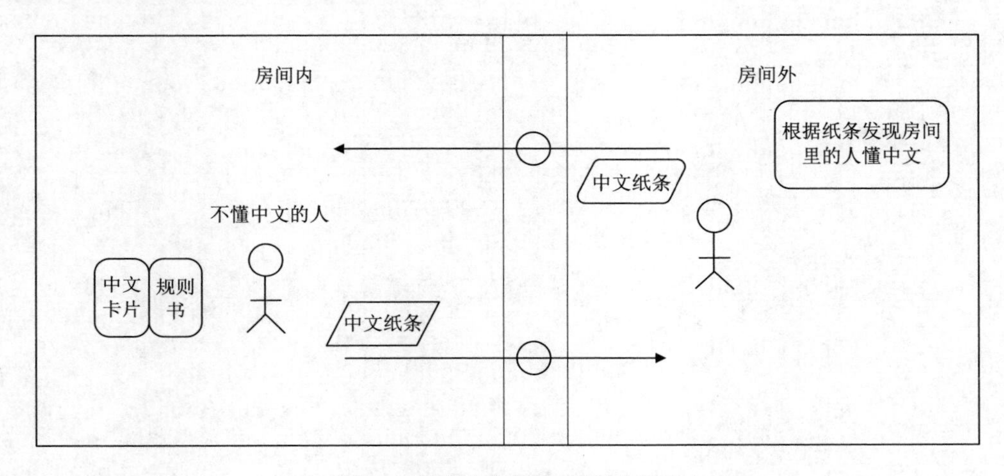

图 1-13　"中文屋"实验示意图

但塞尔的实验也引起了其他哲学家的质疑，主要有六类不同的反驳：系统反驳（system reply）、机器人反驳（the robot reply）、大脑模拟器反驳（brain simulator reply）、组合反驳（combination reply）、多实现反驳（many mansions reply）和其他心智反驳（other mind reply），在此不再赘述。至于"中文屋"实验是否成功否决了图灵测试的有效性这个问题，与所有哲学问题一样，其实是见仁见智的。

但至少有一点是确定的：图灵测试在我们还无法用科学的、可量化的标准对人类智慧这个词做一个定义的时候，给出了一个可行的确定对方是否具备人类智慧的测试方法，推动了计算机科学和人工智能的发展。

总的来说，图灵测试对于智能的定义更接近现在所说的"强人工智能"或"通用人工智能"。它强调机器人的智商应该是全方位的，不论是图形识别、语音识别还是其他方面，而目前大部分机器人只具有某个方面的智能，如 AlphaGo、扫地机器人、烹饪机器人等，离图灵所指的机器人差异巨大。因此，人工智能领域依然有很大的发展空间。

2014 年，为了纪念图灵逝世 60 周年，雷丁大学在伦敦进行了一场图灵测试。其中一名叫尤金·古兹曼（Eugene Goostman）的聊天机器人程序达到了 33%的成功率。类似的对话进行了 300 多场，多数人对古兹曼表现出的智力水平（包括个人情感、气质）感到满意。这是第一个通过图灵测试的程序。

不可否认的是，时至今日，人工智能已经有了质的变化。在不久的将来，还会有程序通过图灵测试，真的像人一样与人进行沟通。到那个时候，人们就无法分清在网上聊天的是人还是机器了。

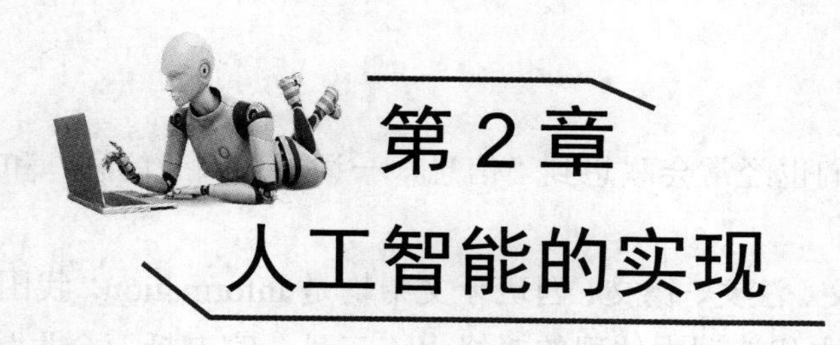

第2章 人工智能的实现

第1章阐述了人工智能的定义以及人工智能与人类智能的关系，本章重点关注人工智能的实现，也就是计算机或智能系统如何实现人类智能。人类智能活动主要是获得并应用知识，因此知识是智能的基础。但知识需要用适当的方式表示出来，才能存储到计算机或智能系统中。进一步说，知识的应用是人工智能实现的重要方面，本章也将阐述人工智能的“深度学习+强化学习”“大数据+云计算”等实现方式。

本章主要介绍人类知识，知识的相对正确性和不确定性，知识的表示方法，人工智能的实现方法，深度学习与强化学习，大数据、云计算与人工智能的关系，以及生成式人工智能大模型。

2.1 人类知识

每一个人无论是否上过学，或多或少都拥有一些知识。无论是从书本上学习的，还是在实践中学习的，都是知识。那么，究竟什么是知识呢？

人们最早使用的“知识”的定义是古希腊伟大的哲学家柏拉图在《泰阿泰德篇》中给出的：知识是被证实的（justified）、真的（true）和被相信的（belief）陈述，简称“知识的JTB条件”。举个简单的例子：张三知道P，当且仅当：①P是真的，②张三相信P（P是被相信的），③张三有充分的理由相信P（P是被证实的）。

1963年，哲学家盖梯尔提出了一个著名的悖论——“盖梯尔悖论”，否定了柏拉图提出的延续了2000多年的关于“知识”的定义。其中一个反例如下：

张三与李四申请同一个工作。他听到小道消息称李四将会得到这份工作，他还知道李四的能力比他有优势。同时，张三还听说李四中了彩票。因此，张三此时下了一个断言：得到这份工作的人中了彩票。但最后的结果是张三本人得到了这份工作，而且碰巧他也中了彩票，只是他还不知道。因而，将会得到这份工作的人中了彩票，就会是真的。这表明，传统对“知识”的定义是有问题的，在某些情况下，张三所相信的在一定情况下得到了证实，但没有达到绝对的程度，我们可以认为张三并没有得到知识，尽管所有JTB三个条件都得到了满足。

2.1.1 知识与信息

提到“知识”，我们也经常会联想到“信息”一词，那么“信息”和“知识”到底是什么关系呢？

“信息”一词在英文、法文、德文、西班牙文中均是 information。我国古代将“信息”称为“消息”，如古代诗词中体现的“烽火连三月，家书抵万金”“洛阳亲友如相问，一片冰心在玉壶”。

20 世纪 40 年代，信息论的创始人香农给出如下定义：信息是用来消除随机不确定性的东西。这一定义被人们看作信息的经典定义并加以引用。

一般来说，把有关信息关联在一起所形成的信息结构称为知识。进一步讲，知识是经过实践证明的、可以用来决策和指导行动的方法。它的可贵之处在于比数据和信息更接近行动。

2.1.2 信息的关联形式

信息的关联形式有很多种，其中用得最多的一种是用“如果……则……”表示的关联形式。例如，我国北方人经过多年的观察发现，每当冬天要来临的时候，就会看到一群一群的大雁向南方飞去，于是把“大雁向南飞”与“冬天就要来临了”两个信息关联在一起，就得到了如下知识：如果大雁向南飞，则冬天就要来临了。

知识反映了客观世界中事物之间的关系，不同事物或者相同事物间的不同关系形成了不同的知识。例如，“雪是白色的”是一条知识，它反映了“雪”与“白色”之间的关系。这种知识称为事实。

又如，“如果头痛且流涕，则有可能患了感冒”是一条知识，它反映了“头痛且流涕”与“可能患了感冒”之间的一种因果关系。这种用“如果……则……”关联起来所形成的知识称为规则。

2.2 知识的特性

2.2.1 知识的相对正确性

小时候大家都听过“盲人摸象”的故事。

很久以前，六个盲人来到国王的宫殿，他们从来没有见过大象，不知道大象长什么样。

第一个盲人摸到象肚子，说："多么光滑啊，就像一座墙！"

第二个盲人摸到象鼻子，说："圆圆的，像大水管！"

第三个盲人摸到象牙，说："尖尖的像长矛！"

第四个盲人摸到象腿，说："好高啊，像一棵树！"

第五个盲人摸到象的耳朵，说："好宽啊，像一把扇子！"

第六个盲人摸到象的尾巴，说："好细好长，像一根绳子！"

然后他们互相争论，反驳对方观点。

盲人摸象的故事告诉我们什么道理呢？六个盲人描述得都非常好，只是他们摸到大象的部位不一样而已，这就是知识的相对正确性。

在古代，人类对宇宙的认知不全面，认为地球是宇宙的中心，是静止不动的，而其他星球都环绕着地球运行，后来科学家哥白尼推翻了地心说，提出日心说（见图2-1）。日心说的观点是：①地球是球形的，如果在船桅顶部放一个光源，当船驶离海岸时，岸上的人们会看见亮光逐渐降低，直至消失。②地球在运动，并且24小时自转一周。因为天空比地球大得太多，如果无限大的天穹在旋转而地球不动，实在是不可想象。③太阳是不动的，而且在宇宙中心，地球以及其他行星都一起围绕太阳做圆周运动，只有月亮环绕地球运行。直到20世纪初，人们才知道，太阳只是银河系中数千亿颗恒星中普普通通的一颗小恒星，距离银河系中心还很远，而银河系也只是宇宙中数千亿个星系中普普通通的一个。

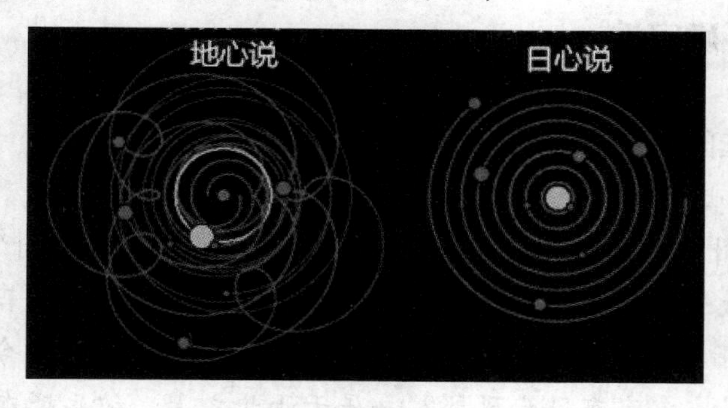

图2-1 "地心说"和"日心说"

从盲人摸象与地心说和日心说的故事可以得到启发，许多知识只在一定的条件及环境下才是正确的，这就是知识的相对正确性。这里"一定的条件及环境"是必不可少的，它是知识正确性的前提。

比如，数学中的1+1=2是在十进制的条件下成立的，而在二进制中1+1=10。其实，大家都熟悉的牛顿力学也只是在一定的条件下才能成立的。

下面再来看苏东坡与王安石关于“黄花”的故事。

宋代大诗人苏东坡看到王安石写的两句诗：“西风昨夜过园林，吹落黄花满地金。”不由得暗笑当朝宰相连基本常识也不懂。苏东坡认为，只有春天的花败落时花瓣才会落下来，而黄花（即菊花）是草本植物，花瓣只会干枯而不会飘落。他认为王安石写错了，便续写了两句诗纠正王安石的错误：“秋英不比春花落，说与（为报）诗人子细吟。”

王安石读了，知道苏东坡掌握的知识不全面。他为了用事实纠正苏东坡的错误，便把他外放为黄州团练副使。苏东坡在黄州住了将近一年。又到了重阳节，苏东坡邀请他的好友陈季常到后园赏菊。只见菊花瓣纷纷飘落，满地金色，这时他想起自己给王安石续诗的事来，才知道自己错了。

由此得出结论：知识是人类对客观世界认识的结晶，并且受到长期实践的检验。

在人工智能领域，知识的相对正确性更加突出。除了人类知识本身的相对正确性外，在设计智能系统时，为了减少知识库的规模，通常将知识限制在待求解问题的范围内。也就是说，只要这些知识对待求解问题来说是正确的即可。

举个简单的动物识别的例子，通常模式识别的做法是根据动物的种类、特征进行分类，是个相对复杂的问题。但如果仅识别虎、金钱豹、斑马、长颈鹿、企鹅、信天翁六种动物，知道在这六种动物中只有信天翁和企鹅是鸟，因此“如果该动物是鸟并且善飞，则该动物是信天翁”就是正确的。但是如果突破这个识别范畴，上面这条知识就不再正确了。

2.2.2 知识的不确定性

首先来看《三国演义》中火烧赤壁的一个场景。

> （曹）操升帐谓众谋士曰：“若非天命助吾，安得凤雏妙计？铁索连舟，果然渡江如履平地。”程昱曰：“船皆连锁，固是平稳。但彼若用火攻，难以回避。不可不防。”……操曰：“凡用火攻，必藉风力。方今隆冬之际，但有西风北风，安有东风南风耶？吾居于西北之上，彼兵皆在南岸，彼若用火，是烧自己之兵也，吾何惧哉？若是十月小春之时，吾早已提备矣。”诸将皆拜服曰：“丞相高见，众人不及。”

这个场景告诉我们：由于现实世界的复杂性，信息可能是精确的，也可能是不精确的、模糊的；关联可能是确定的，也可能是不确定的。虽然冬天一般是刮西北风，但天气具有随机性，有时候也会刮东南风。

知识并不总是只有“真”与“假”这两种状态，而是在“真”与“假”之间还存在许多中间状态，即存在知识为“真”的程度问题。知识的这一特性称为不确定性。曹操正是因为忽略了知识的不确定性，才有火烧赤壁的败局。

总的来说，知识的不确定性有随机性、模糊性、主观的经验和不完全性四种类型。

1. 随机性

首先来看由随机性引起的不确定性，前文说的冬天风向的问题就是因为天气具有随机性。再来看两个例子。

一个人口袋里装有红、白、蓝三种颜色的球，需要拿出一个球，他在拿出之前无法确定是什么颜色的，拿出之后才能确定，例如可以是红球，这就是随机性。随机性的特征是：事件发生前，究竟是哪种结果是不确定的，只能是几种可能的结果之一；而事件发生后，结果是确定的。

由随机事件所形成的知识不能简单地用“真”或“假”来刻画，它是不确定的。“如果头痛且流涕，则有可能患了感冒”，这是一种生活常识，也是一条知识，虽然大部分情况下是患了感冒的，但有时候“头痛且流涕”的人不一定都是“患了感冒”。这条知识中的“有可能”实际上就反映了“头痛且流涕”与“患了感冒”之间的一种不确定的因果关系，因此它是一条具有不确定性的知识。

2. 模糊性

人们常说，这个学生成绩很好，这个人个子很高，今天天气比较冷等，这里“很好”“很高”“比较冷”都是模糊概念，模糊性的特征是边界不清楚。例如，这个学生成绩很好，但究竟是第一名还是第二名等具体情况并不确定，只能认为这个学生的成绩总是前几名，肯定不是最后几名。

由于某些事物客观上存在模糊性，使得人们无法把两个类似的事物严格地区分开来，不能明确地判定一个对象是否符合一个模糊概念。人们的生活中很多描述都是模糊的，如天气冷热，雨的大小，风的强弱，人的胖瘦、个子高矮等。

另外，由于某些事物之间存在着模糊关系，人们不能准确地判定它们之间的关联究竟是“真”还是“假”。例如，医学上有表示人的体重和身高关系的公式：

体重（kg）=身高（cm）-100

但是只有部分人的身高体重是满足这个公式的，还有一些人偏胖或者偏瘦，就不符合此条知识了。所以这条知识中的身高与体重的关系就是模糊的。

3. 主观的经验

第三种不确定性是由经验引起的。下面先来看老马识途的故事。

齐桓公应燕国的要求，出兵攻打入侵燕国的山戎。大军凯旋，但在崇山峻岭的一个山谷迷了路，相国管仲放出有经验的老马，大军跟随老马走出山谷。老马以前走过类似的路，积累了一些经验，这是一种知识，但老马不一定每次都走对，这就体现了知识的不确定性。

具体来说，知识一般是由领域专家提供的，这种知识大都是领域专家在长期的实践及研究中积累的经验性知识。尽管领域专家以前多次成功运用这些知识，但并不能保证每次都是正确的。实际上，经验本身就蕴含着不精确性及模糊性，这就形成了知识的不确定性。因此，在专家系统中，大部分知识具有不确定性。

4. 不完全性

第四种不确定性是由不完全性引起的。人们一直在争论火星上有没有水和生命，现有的许多研究结论并不确定，造成了人类有关火星知识的不确定性。

人们对客观世界的认识是逐步提高的，只有在积累了大量的感性认识后，才能升华到理性认识的高度，形成某种知识。因此，知识有一个逐步完善的过程。在此过程中，或者由于客观事物表露得不够充分，使人们对它的认识不够全面；或者人们对充分表露的事物一时抓不住其本质，对它的认识不够准确。这种认识上的不全面、不准确必然导致相应的知识是不精确的、不确定的。因而，不完全性是使知识具有不确定性的一个重要原因。

2.3 计算机如何表示知识

如前所述，计算机知识表示的目的是将人类知识进行形式化或者模型化，知识表示是对知识的一种描述，或者说是一组约定。简单地说，知识表示就是定义一种计算机能够接受的用于描述知识的数据结构。

选择知识表示方法通常有四个基本原则：

一是充分表示领域知识。

二是有利于对知识的利用。

三是便于对知识的组织、维护和管理。

四是便于理解与实现。

计算机表示知识的方法大致可以分为三类，即产生式表示法、框架表示法和知识图谱。

2.3.1 产生式表示法

产生式表示法通常用于表示事实、规则以及它们的不确定性度量，适合于表示事实性知识和规则性知识。

在驾校，教练教学员学车时，使用最多的语句结构是“如果怎么样，就怎么样”。例如，“如果要把车开向右方，就将方向盘往右打”“如果车速度太快，就要轻轻踩一点刹车”等。

在很多场合人们会用“如果怎么样，就怎么样”的形式传授知识，这就是产生式表示法。

那么，对于前文讲的确定性知识和不确定性知识，如何进行产生式表示呢？

对于确定性知识，产生式表示的基本形式如下：

IF P THEN Q

这里P和Q分别称为前件和后件，分别相当于前提和结论。

例：

IF 动物会飞 AND 会下蛋
THEN 该动物是鸟

不确定性知识与确定性知识的区别在于在结论Q后面增加一个置信度，即

IF P THEN Q（置信度）

例：

IF 发烧 THEN 感冒 (0.6)

进一步地，把一组产生式规则放在一起，让它们互相配合、相互协同，一个产生式规则生成的结论可以供另一个产生式规则作为已知事实使用，以求得问题的解，这样的系统称为产生式系统。

一般来说，一个产生式系统由规则库、推理机、综合数据库三部分组成，如图2-2所示。

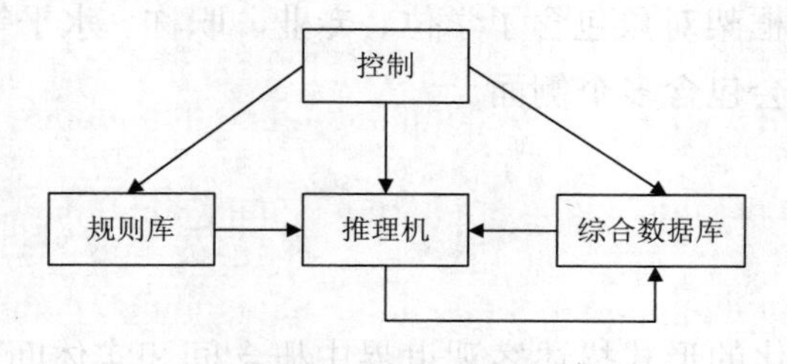

图2-2 产生式系统

规则库，用于描述相应领域内知识的产生式集合。显然，规则库是产生式系统

求解问题的基础，其知识是否完整、一致，表达是否准确、灵活，对知识的组织是否合理等，将直接影响到系统的性能。

推理机由一组程序组成，负责整个产生式系统的运行，实现对问题的求解。

综合数据库又称为事实库、上下文、黑板等。它是用于存放问题求解过程中各种当前信息的，如问题的初始状态、原始证据、推理中得到的中间结论及最终结论等。

产生式表示法具有自然性、模块性、有效性、清晰性等优点；缺点是效率不高，并且不能表达结构性知识。

2.3.2 框架表示法

框架表示法是一种结构化的知识表示方法，已在多种系统中得到应用。

首先来看框架的定义，它是描述所讨论对象的属性的一种数据结构。

一个框架由若干个被称为“槽”的结构组成，每一个槽又可根据实际情况划分为若干个“侧面”。其中，一个槽用于描述所论对象某一方面的属性，一个侧面用于描述相应属性的一个方面。

下面是使用框架表示法表示<大学教师>的例子。

框架名：<大学教师>

类属：<教师>

学位：范围（学士、硕士、博士）

缺省：硕士

专业：<学科专业>

职称：范围（助教、讲师、副教授、教授）

缺省：讲师

水平：范围（优、良、中、差）

缺省：良

<大学教师>这个框架对象包含了学位、专业、职称、水平等属性，即“槽”，每个属性进一步还可能会包含多个侧面。

2.3.3 知识图谱

知识图谱以结构化的形式描述客观世界中概念间和实体间的复杂关系，将互联网的信息表达成更接近人类认知模式的形式，提供了一种更好的组织、管理和理解互联网海量信息的方式。简单地说，知识图谱是由一些相互连接的实体及其属性构成的。

可将知识图谱看作一个图，图中的节点表示实体或概念，图中的边表示属性或关系，如图 2-3 所示。

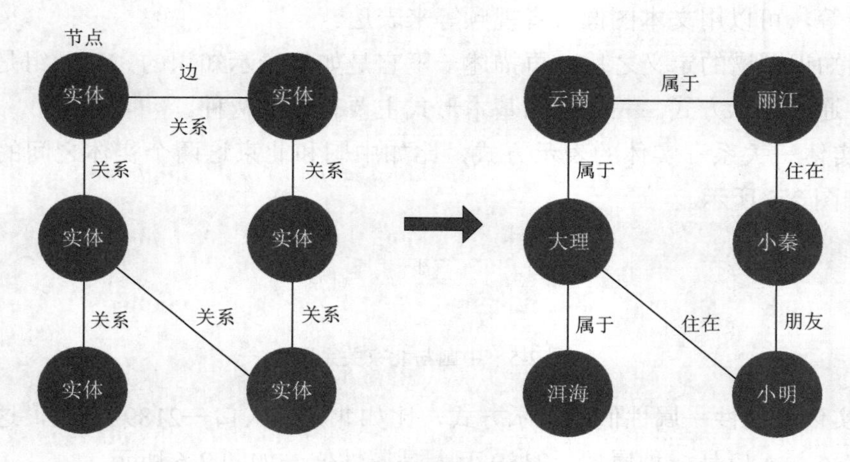

图 2-3　知识图谱典型例图

实体指的是具有可区别性且独立存在的某种事物，如某一个人、某一个城市、某一种植物、某一种商品等。实体是知识图谱中最基本的元素。概念是指具有同种特性的实体构成的集合，如国家、民族、书籍等，主要用于表示集合、类别、对象类型、事物的种类。属性是描述不同实体或概念之间的某种关联，是知识图谱中的关系，不同的实体间存在不同的关系。通过关系节点把知识图谱中的节点连接起来，形成一张大图。属性值主要指对象指定属性的值。图 2-4 所示为一些国家的首

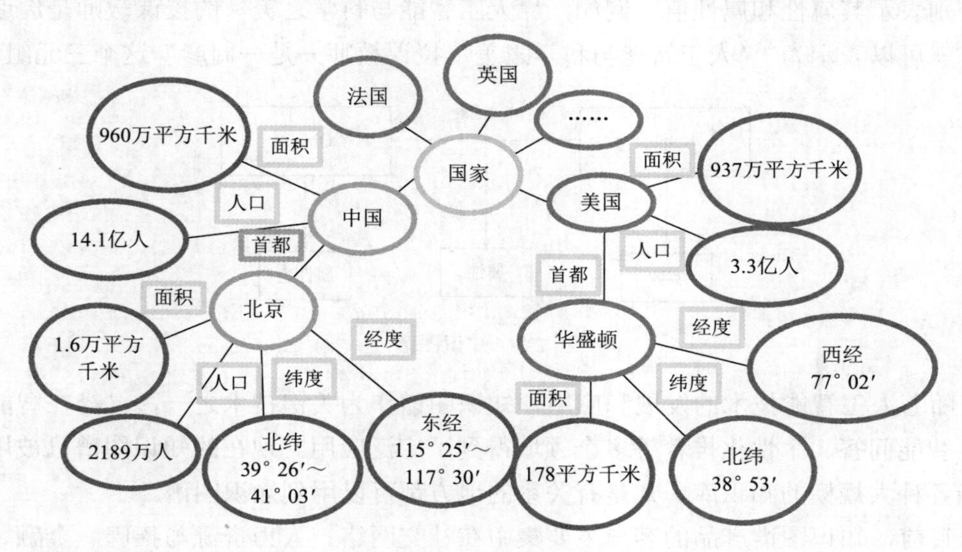

图 2-4　知识图谱典型例图（2021 年数据）

都、面积、人口等构成的知识图谱，其中标注的“国家”即为概念，标注的“中国”“美国”“英国”“北京”等是实体，标注的“首都”“面积”“人口”等是属性，标注的平方千米和人口数等是属性值。知识图谱中的内容通常作为实体和语义类的名字描述解释等，可以用文本图像、音视频等来表达。

介绍知识图谱的定义之后，再描述一下它是如何表示知识的。三元组是知识图谱的一种通用表示方式。三元组的基本形式主要有以下两种。

1）实体—关系—实体的表示方式，比如中国和北京这两个实体之间的关系是首都，如图 2-5 所示。

图 2-5　中国与北京关系图

2）实体—属性—属性值的表示方式，比如北京—人口—2189 万人，这里北京是一个实体，人口是一种属性，2189 万人是属性值，如图 2-6 所示。

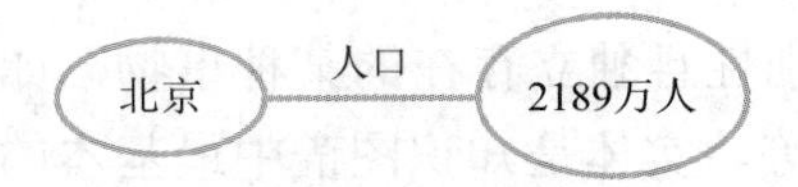

图 2-6　北京与人口关系图

知识图谱由一条条知识组成，每条知识表示为一个 SPO，即主语—谓语—宾语（Subject-Predicate-Object）三元组，如图 2-7 所示。其中，主语是实体，谓语和宾语分别表示其属性和属性值。例如，“‘人工智能与科学之美’的授课教师是周彦老师”就可以表示为“‘人工智能与科学之美’授课教师—是—周彦”这个三元组。

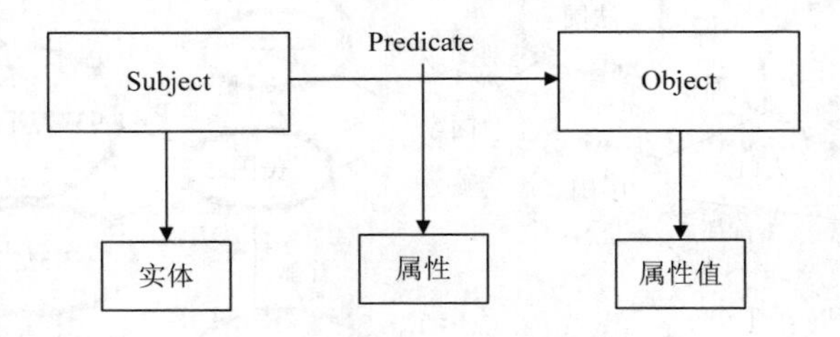

图 2-7　知识图谱

随着人工智能技术的发展和应用，知识图谱作为关键技术之一，已经在智能搜索、智能问答、个性化推荐等多个领域得到了广泛应用。现在的知识图谱已被用来泛指各种大规模的知识库，凡是有关系的地方都可以用到知识图谱。

目前，知识图谱产品的客户主要集中在社交网络、人力资源与招聘、金融、保险、零售、广告、物流、制造业、医疗、电子商务等领域。典型的应用如下。

维基百科：是由维基媒体基金会负责运营的一个内容丰富、自由编辑的多语言知识库。

DBpedia：2007年从维基百科里提取结构化知识的项目开始建立的。

YAGO：由德国马克斯-普朗克研究所构建的大型多语言的语义知识库。

XLORE：是清华大学构建的基于中、英文维基百科和百度百科的开放知识平台，是第一个中英文知识规模较为平衡的大规模中英文知识图谱。

2.4　人工智能在计算机上的实现方法

人工智能在计算机上实现时有两种不同的方法：第一种是采用传统的编程法，第二种是模拟法。

2.4.1　编程法

传统的编程法是使系统呈现智能的效果，而不考虑所用方法是否与人或生物机体所用的方法相同或相似。这种方法也叫工程学方法，目前这种方法已在很多领域得到成功的应用，如文字识别（见图2-8）、下棋机器人等。

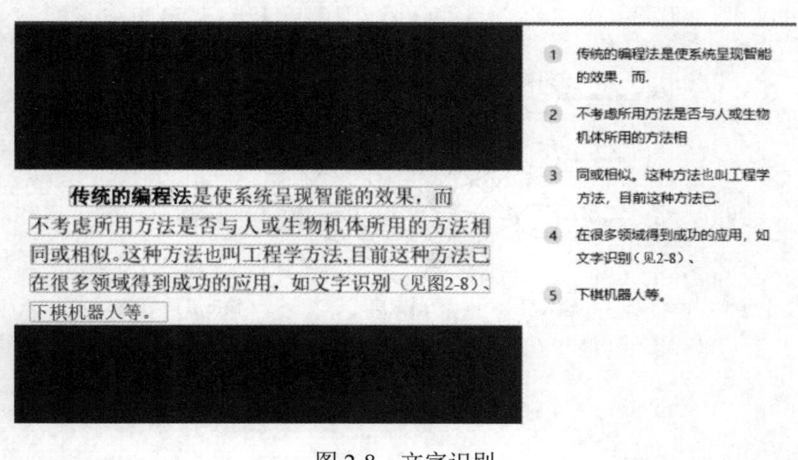

图2-8　文字识别

下面以智能扫描仪为例说明编程法的实现过程。智能扫描仪的原理是检查纸上打印的字符，通过检测暗、亮的模式确定其形状，然后用字符识别方法将形状翻译成计算机文字。其处理一般经过以下过程：首先是预处理，一般包括灰度化、二值化、噪声去除、倾斜矫正等操作；然后进行图片分割，对于一段多行文本来说，文字切分包含行切分与字符切分两个步骤，倾斜矫正是文字切分的前提，将倾斜矫正后的文字投影到坐标轴，并将所有值累加，这样就能得到一个在该坐标轴上的直方图；最后是文字识别，如图 2-9 所示。

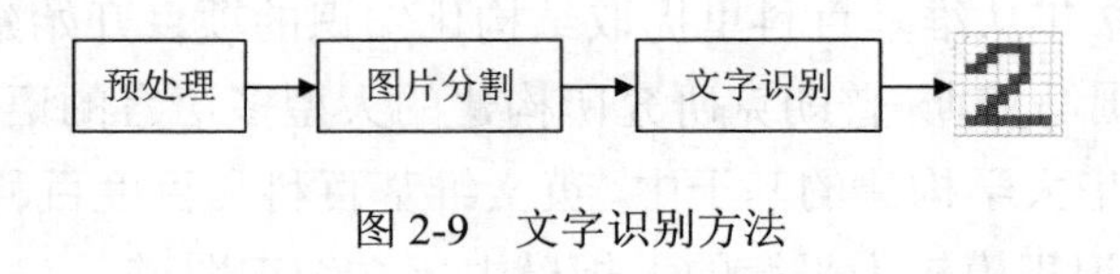

图 2-9 文字识别方法

2.4.2 模拟法

模拟法不仅要看效果，还要求实现方法也和人类或生物机体所用的方法相同或相似。遗传算法和人工神经网络均属这一类型。遗传算法模拟人类或生物的遗传进化机制，人工神经网络则是模拟人类或动物大脑中神经细胞的活动方式。

现以人工神经网络（见图 2-10）为例说明模拟法的实现过程。所谓人工神经网络，就是从信息处理角度对人脑神经元网络进行抽象，建立简单的神经元模型，按不同的连接方式组成不同的网络。例如，前馈型神经网络，它从样本数据中取得训练样本及目标输出值，然后将这些训练样本作为网络的输入，利用最速下降法反复调整网络的连接权值，使网络的实际输出与期望输出值一致。当输入一个非样本数据时，已学习的神经网络就可以给出系统最可能的输出值。

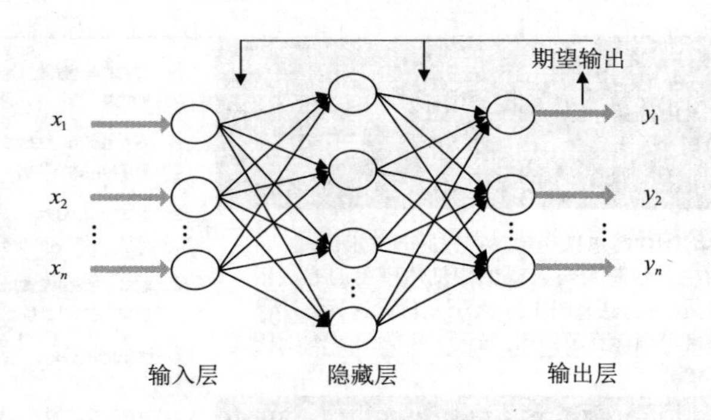

图 2-10 人工神经网络

2.4.3 联系与区别

为了得到不同的智能效果，以上两种方法通常都可以使用。采用编程法，需要人工详细规定程序逻辑。如果任务逻辑简单，则很方便实现。如果是复杂任务，考虑的因素、条件等参数不断增加，相应的逻辑就会很复杂，并且复杂度呈指数增长，人工编程就会非常烦琐，容易出错。一旦出错，就必须修改原程序，重新编译、调试，还要为用户不断提供新的程序版本或补丁。

若采用模拟法进行智能系统的设计（见图2-11），编程者要为每一个角色设计一个模块，这个模块开始什么也不懂，就像初生婴儿，但它能够学习，能逐渐适应环境，应付各种复杂情况。这样设计的系统开始也常犯错误，但它能吸取教训，下一次运行时就可能改正，不断完善，至少不会永远错下去，也不需要频繁地发布新的程序版本或补丁。

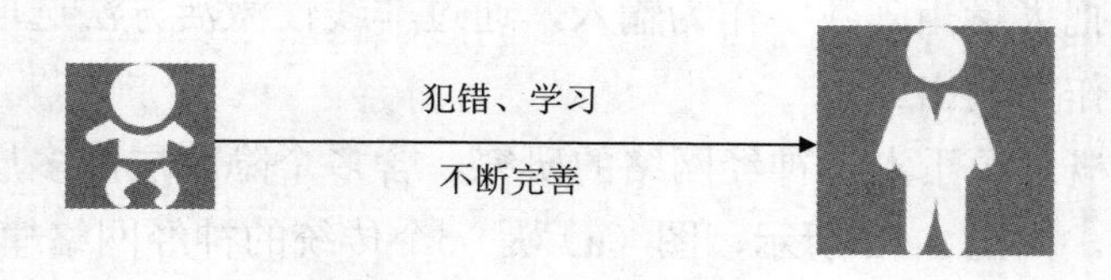

图2-11　智能系统设计的模拟法

利用模拟法来实现人工智能，要求编程者具有生物学的思考方法，入门难度高一点。由于使用这种方法编程时无须对角色的活动规律做详细规定，因此在应用于复杂问题时，通常会比编程法更省力。

2.5　AlphaGo：深度学习与强化学习

棋类游戏一直是人工智能发展的强有力推手，也通常被视为人工智能的试金石。人工智能与人类棋手的对抗一直在上演，在三子棋、跳棋、国际象棋、围棋等棋类上，人工智能程序都曾打败过人类。

谷歌旗下DeepMind公司开发的阿尔法狗（AlphaGo）是第一个击败人类职业围棋选手、第一个战胜围棋世界冠军的人工智能程序。AlphaGo根据以往的经验不断优化算法，梳理决策模式，吸取比赛经验，并通过与自己下棋来强化学习。

2016年3月，AlphaGo与世界围棋冠军、职业九段棋手李世石进行围棋人机大战，以4∶1的总比分获胜；2016年年末、2017年年初，AlphaGo在中国棋类网站上以“大师”（Master）为注册账号与中日韩数十位围棋高手进行快棋对决，连续60局无一败绩；2017年5月在中国乌镇围棋峰会上，它与排名世界第一的世界围棋冠军柯洁对战，以3∶0的总比分获胜。在柯洁与AlphaGo的人机大战之后，AlphaGo团队宣布AlphaGo将不再参加围棋比赛。2017年10月18日，DeepMind团队公布了最强版AlphaGo，代号为AlphaGo Zero。

那么，AlphaGo能取得如此耀眼成绩，背后有着怎样的技术支持呢？

2.5.1 深度学习

AlphaGo 主要的工作原理是“深度学习”，深度学习是实现机器学习的一种方式，而机器学习是实现人工智能的必由路径。深度学习的动机在于建立模拟人脑进行分析学习的神经网络，它通过模仿人脑的机制来解释数据，如图像、声音和文本等。一层神经网络会把大量矩阵数字作为输入，通过非线性激活方法选取权重，再产生另一个数据集合作为输出。

深度学习的概念源于人工神经网络的研究，含多个隐藏层的多层感知器就是一种深度学习结构。如图 2-12 所示，图（a）是一个传统的神经网络模型，图（b）是一个含多个隐藏层的深度学习模型。

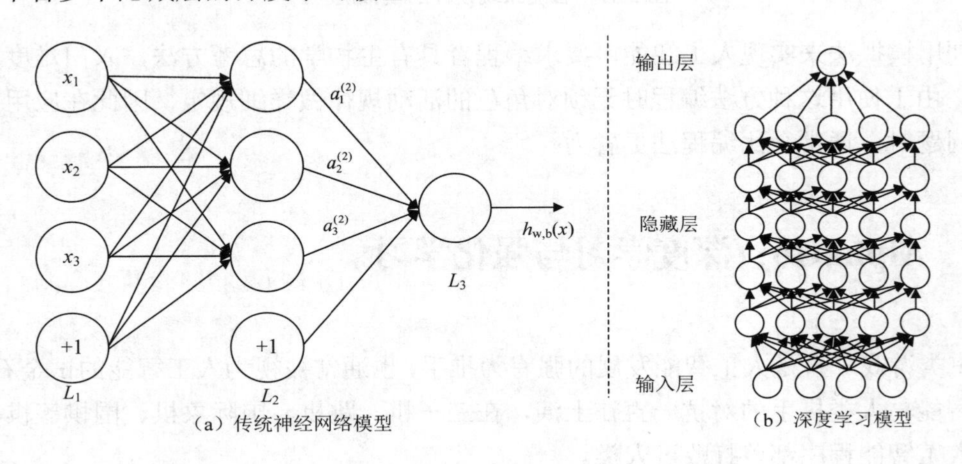

（a）传统神经网络模型　　（b）深度学习模型

图 2-12　深度学习概念图

深度学习通过组合低层特征形成更加抽象的高层表示属性类别或特征，以发现数据的分布式特征表示。深度学习主要涉及以下三类方法。

1）基于卷积运算的神经网络系统，即卷积神经网络（convolutional neural networks，CNN）。

2）基于多层神经元的自编码神经网络，包括自编码以及近年来受到广泛关注的稀疏编码两类。

3）以多层自编码神经网络的方式进行预训练，进而结合鉴别信息进一步优化神经网络权值的深度置信网络（deep belief networks，DBN）。

2.5.2　强化学习

强化学习，又称再励学习、评价学习或增强学习，是实现机器学习的一种方式，也是 AlphaGo 获得成功的重要支持之一。强化学习用于描述和解决智能体（Agent）在与环境的交互过程中，通过学习策略以达成回报最大化或实现特定目标的问题。

强化学习的常见模型是标准的马尔可夫决策过程。它把学习看作是一个试探与评价的过程：首先，Agent 选择一个动作作用于环境，环境接受该动作后状态发生变化，同时产生一个强化信号（如奖励或惩罚）反馈给 Agent；然后，Agent 根据强化信号和环境当前状态再选择下一个动作。

可以用一个强化学习框图（见图 2-13）对强化学习进行描述，它准确描述了上面三个步骤。强化学习中由环境提供的强化信号是 Agent 对所产生动作的好坏做出的一种评价，而不是告诉 Agent 如何去产生正确的动作。由于外部环境提供了很少的信息，Agent 必须靠自身的经历进行学习。通过这种方式，Agent 在行动—评价的环境中获得知识，改进行动方案以适应环境。强化学习选择的原则是使受到奖励（即正强化）的概率增大。选择的动作不仅影响立即强化值，而且影响环境下一时刻的状态及最终的强化值。

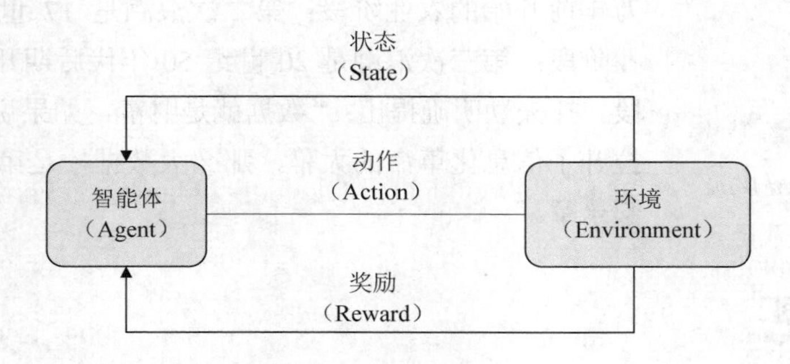

图 2-13　强化学习框图

2.5.3　深度强化学习

深度强化学习将深度学习的感知能力和强化学习的决策能力相结合，是一种更接近人类思维方式的人工智能方法。在过去几年间，深度强化学习算法在不同领域大显神通；控制复杂的机械进行操作；调配网络资源；为数据中心大幅节能；甚至对机器学习算法自动调参。各大高校和企业纷纷投入研究，提出了眼花缭乱的深度强化学习算法并加以应用。DeepMind 公司负责 AlphaGo 项目的研究员曾宣称“人

工智能 = 强化学习 + 深度学习”，认为结合了深度学习的表示能力与强化学习的推理能力的深度强化学习将会是人工智能的终极答案。

2.6 大数据、云计算与人工智能的相遇、相识、相知

2015 年之后，人工智能出现了爆炸式的发展，主要原因是 GPU 的广泛应用，使得并行处理更快、更强大。另外，人工智能的发展还得益于几乎无限的存储空间和海量数据的出现，如图像、文本、交易数据、地图数据等，应有尽有。

随着各种机器学习算法的提出和应用，特别是深度学习技术的发展，人们希望机器能够通过对大量数据的分析，从而自动学习知识并达到智能化水平。处理大数据的需求一方面促进了计算机硬件水平的提升和大数据分析技术的飞速发展，另一方面，机器采集、存储、处理数据的水平也有了大幅度提高。

图 2-14 *The Third Wave*

早在 1980 年，著名的未来学家阿尔文·托夫勒（Alvin Toffler）在 *The Third Wave*（见图 2-14）一书中提出，把人类科学技术的每次巨大飞跃作为一次浪潮。第一次浪潮是约 1 万年前开始的农业阶段；第二次浪潮是 17 世纪末开始的工业阶段；第三次浪潮是 20 世纪 50 年代后期开始的信息化阶段。托夫勒明确提出：“数据就是财富，如果说 IBM 的主机拉开了信息化革命的大幕，那么大数据才是第三次浪潮的华彩乐章。”

2.6.1 大数据

大数据，也称巨量资料，指的是所涉及的资料量规模巨大，无法用现有的主流软件工具在合理的时间内撷取、管理、处理并整理成能供使用者使用的信息资产。大数据技术有以下四个显著特征。

1）数据体量巨大。百度资料表明，其首页导航每天需要提供的数据超过 1.5PB（1PB 为 2^{50} 字节）。据估计，这些数据如果打印出来将超过 5000 亿张 A4 纸。有资料证实，到目前为止，人类生产的所有印刷材料的数据量仅为 200PB。

2）价值密度低。价值密度的高低与数据总量的大小成反比。以视频为例，1 小时的视频，在不间断的监控过程中，可能有用的数据仅仅只有一两秒。

3）数据类型多样。现在的数据类型不仅是文本形式，更多的是图片、视频、音

频、地理位置信息等多类型的数据，并且个性化数据占绝大多数。

4）处理速度快。这是大数据区分于传统数据挖掘的最显著特征。在海量的数据面前，数据处理的效率就是企业的生命。数据处理遵循“1秒定律”，或称为秒级定律，就是说数据处理分析结果要在秒级时间范围内给出，时间太长，数据处理分析结果就会失去价值。这就要求从各种类型的数据中快速获得高价值的信息。

目前，大数据技术已应用在医疗、能源、通信、零售业等行业中。

2.6.2 云计算

云计算是基于互联网相关服务的增加、使用和交付模式，通常通过互联网来提供动态易扩展且经常是虚拟化的资源，如百度云、阿里云、腾讯云等。

对于到底什么是云计算，可以找到很多种解释。目前广为接受的是美国国家标准与技术研究院对云计算的定义：“云计算是一种按使用量付费的模式，这种模式提供可用的、便捷的、按需的网络访问，进入可配置的计算资源共享池，这里的资源包括网络、服务器、存储、应用软件、服务等，这些资源能够被快速提供，只需投入很少的管理工作，或与服务供应商进行很少的交互行为。”

简单来说，云计算就是政府和企业将需要计算的信息，通过网络交由云计算平台来计算，然后通过广泛的数据和信息共享得到针对性比较强的统计信息或数据分析结果。例如，通过云计算平台，分析全国或全省的市场运行趋势，这个信息是无法在一台计算机中完成的，一是没有巨大的数据量，二是计算量太大，而通过云计算平台，就可以在较短时间甚至是实时得到信息，然后针对市场的情况、潜在的企业投资商、潜在的客户进行招商引资、生产产品等。

2.6.3 大数据、云计算与人工智能

大数据是云计算的灵魂，云计算是大数据的载体。云计算是大数据诞生的前提和必要条件，为大数据提供了存储空间和访问渠道，没有云计算，就会缺少数据集中采集和存储的商业基础。

如果把人工智能看成一个嗷嗷待哺但拥有无限成长空间的“婴儿”，某一领域专业的、海量的、深度的数据就是喂养这个“婴儿”的“奶粉”。奶粉的数量影响着婴儿是否能长大，而奶粉的质量则影响着婴儿后续的智力发育水平。

可以说，人工智能是程序算法和大数据结合的产物，人工智能利用大数据技术，基于云计算平台完成深度和强化学习进化。

尽管大数据和云计算为人工智能的研究和应用提供了基础和保障，但是现阶段

很多人从事的还是“弱人工智能”，即执行特定任务的水平与人类相当，抑或超越人类的人工智能技术的研究，如人脸识别、机器翻译、智能音箱等。相信随着大数据、云计算等技术的进步，国家人工智能发展战略的实施，会极大地推动人工智能技术研究由弱人工智能转向强人工智能。希望大家能够树立远大理想，逐步攻克关键核心技术，勇于攀登科技高峰，为把我国建设成为世界科技强国贡献力量。

2.7 大模型与 ChatGPT

随着人工智能技术的快速发展，大模型（large model）已经成为当今科技领域的一个热门话题和研究前沿。大模型是指具有庞大的参数规模和复杂结构的机器学习模型。在深度学习领域，大模型通常是指具有数百万到数十亿参数的神经网络模型。这些模型在各个领域都有广泛的应用，包括自然语言处理、计算机视觉、语音识别和推荐系统等。大模型通过训练海量数据来学习复杂的模式和特征，具有更强大的泛化能力，可以对未见过的数据做出准确的预测。

2.7.1 大模型

大模型又可以称为基石模型（foundation model），是指通过对亿级的语料或者图像进行知识抽取、学习，进而产生的亿级参数规模的人工智能模型。“大”主要指模型结构容量大，结构中的参数多，用于预训练的数据量大。大模型的设计目的是提高模型的表达能力和预测性能，能够处理更加复杂的任务和数据。

大模型的训练采用“预训练（pretrained）+微调（fine tuning）”的方式。预训练采用自监督学习，从大量的无标签、低成本的数据中捕获知识，将知识存储到大量的参数中，然后针对特定任务进行微调，极大地扩展了模型的泛化能力。

经过大规模预训练的大模型，能够在各种任务中达到更高的准确性、降低应用的开发门槛、增强模型泛化能力等，是人工智能领域的一项重大进步。大模型最早是源于自然语言处理领域，随着多模态能力的演进，计算机视觉领域大模型及多模态通用大模型逐渐成为市场发展主流，政府与企业的极大关注又带动了行业大模型的高速发展，逐渐形成了以多模态通用大模型为底座的领域大模型和行业大模型共同发展的局面。

大模型的应用场景非常丰富，如智能客服、智能家居和自动驾驶等，可以提高人们的工作效率和生活质量，使各种任务能够更快速、更准确地完成。

然而，大模型也存在一些问题和挑战。例如，大模型的性能会受到训练数据的质量和数量的影响；由于大模型的复杂性，其解释性和可解释性相对较低。另外，需要加强相关法律法规和管理措施，以应对大模型使用所涉及的隐私和安全问题。

2.7.2　生成式人工智能与 ChatGPT

伴随着基于大模型发展的各类应用的爆发，尤其是生成式人工智能打破了创造和艺术是人类专属的局面。人工智能不再仅仅是“分类”，而是开始进行“生成”，这意味着大型模型的出现将进一步推动人工智能对人类生产力工具的颠覆性革新。同时，数据规模和参数规模的提升，让大模型拥有了不断学习和成长的基因，开始具备涌现能力（emergent ability），逐渐拉开了通用人工智能（artificial general intelligence，AGI）的发展序幕。

ChatGPT（chat generative pre-trained transformer，生成式预训练变换模型）是美国人工智能研究实验室 OpenAI 于 2022 年 11 月推出的一种由人工智能技术驱动的自然语言处理工具。它使用 Transformer 神经网络架构，拥有语言理解和文本生成能力，能够通过连接大量的语料库来训练模型。这些语料库包含真实世界中的对话，使得 ChatGPT 具备了上知天文、下知地理，还能根据聊天的上下文进行互动的能力，能做到与真正人类几乎无异的交流。此外，ChatGPT 还能进行撰写邮件、视频脚本、文案、翻译、代码、论文等任务。

2023 年 7 月，OpenAI 发布公告称给 ChatGPT 增加了一个名为自定义指令（custom instructions）的新功能，即在系统层面给聊天机器人定制化一些指令，使聊天机器人在更具有个性化特色的同时，能更好地贴近使用者的需求。2023 年 7 月 25 日，OpenAI 宣布安卓版 ChatGPT 正式上线。

2.7.3　其他生成式大模型

“文心一言”（ERNIE Bot）是百度全新一代知识增强大语言模型——文心大模型家族的新成员。该模型能够与人对话互动、回答问题、协助创作，还能够高效便捷地帮助人们获取信息、知识和灵感。“文心一言”是知识增强的大语言模型，基于飞桨深度学习平台和文心知识增强大模型，从数万亿数据和数千亿知识中融合学习，来得到预训练大模型，在此基础上采用有监督精调、人类反馈强化学习、提示等技术，具备知识增强、检索增强和对话增强的技术优势。2023 年 3 月，百度开启文心一言邀请测试；8 月，“文心一言”率先向全社会全面开放。百度“文心一言”大模型驱动人工智能规模化应用如图 2-15 所示。

<table>
<tr><td rowspan="2">工具与平台</td><td colspan="2">EasyDL-大模型
零门槛 AI 开发平台</td><td colspan="2">BML-大模型
全功能 AI 开发平台</td></tr>
<tr><td>大模型开发工具</td><td colspan="2">大模型轻量化工具</td><td>大模型部署工具</td></tr>
<tr><td>文心大模型</td><td colspan="2">NLP 大模型</td><td>CV 大模型</td><td>跨模态大模型</td></tr>
<tr><td rowspan="2">领域/任务</td><td>医疗
ERNIE-Health</td><td>金融
ERNIE-Finance</td><td rowspan="2">OCR 结构化
VIMER-StrucTexT</td><td>图文生成 ERNIE-ViLG</td></tr>
<tr><td>对话 PLATO</td><td>信息抽取 ERNIE-IE</td><td>文档分析 ERNIE-Layout</td></tr>
<tr><td rowspan="2">基础通用</td><td colspan="2">跨语言 ERNIE-M</td><td rowspan="2">图像
VIMER-Image
视频
VIMER-Video</td><td rowspan="2">视觉-语言
ERNIE-ViL
语音-语言
ERNIE-FAT</td></tr>
<tr><td colspan="2">语言理解与生成 ERNIE 3.0</td></tr>
</table>

图 2-15 百度“文心一言”大模型驱动人工智能规模化应用

“通义千问”是阿里云推出的一个超大规模的语言模型，功能包括多轮对话、文案创作、逻辑推理、多模态理解、多语言支持。它能够跟人类进行多轮的交互，也融入了多模态的知识理解，且有文案创作能力，能够续写小说，编写邮件等。2023 年 4 月，“通义千问”开始邀请测试；9 月，阿里云宣布“通义千问”大模型已首批通过备案，并正式向公众开放。“通义千问”APP 在各大手机应用市场正式上线，可以通过 APP 直接体验最新的模型能力。阿里巴巴“通义千问”大模型架构图如图 2-16 所示。

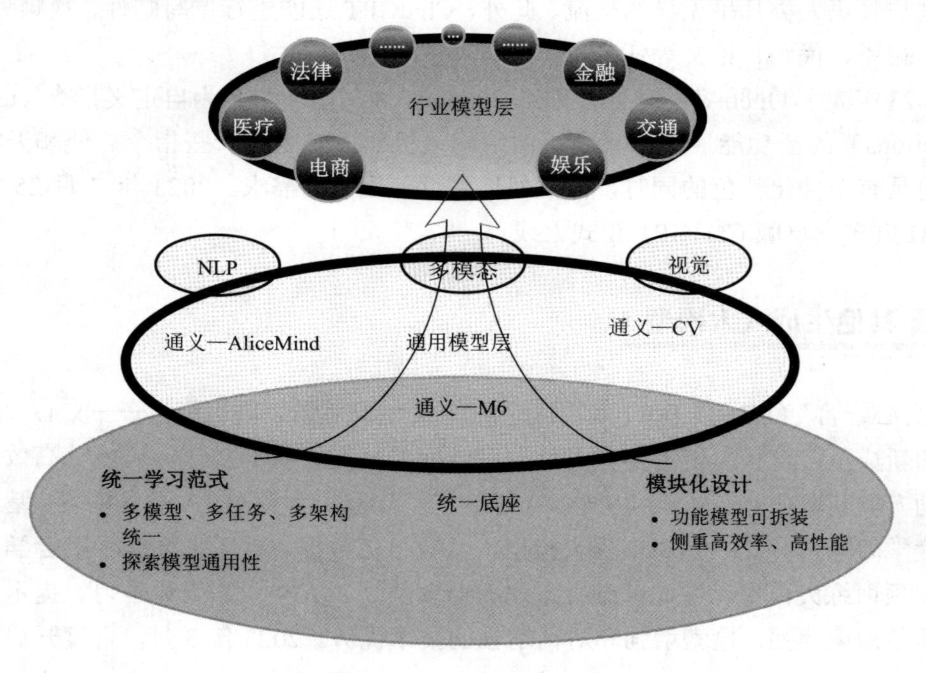

图 2-16 阿里巴巴“通义千问”大模型架构图

2023 年 2 月，京东宣布京东云旗下言犀人工智能应用平台将整合过往产业实践和技术积累，推出产业版 ChatGPT——ChatJD，并公布 ChatJD 的落地应用路线图

“125”计划。该计划包含一个平台、两个领域和五个应用，如图2-17所示。

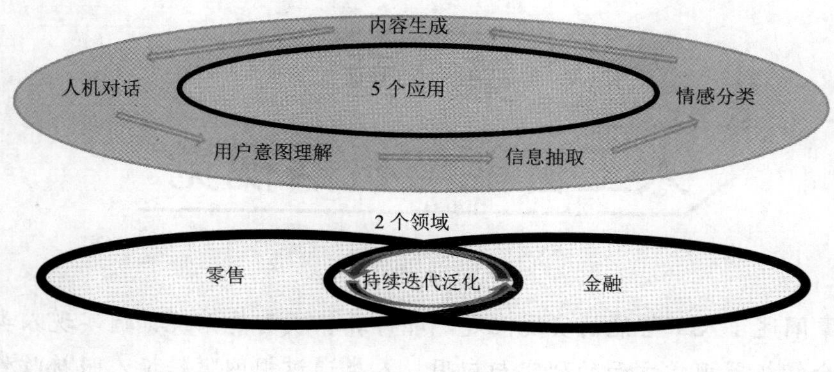

图2-17　ChatDJ落地应用线路图“125”计划

1）一个平台：ChatJD智能人机对话平台。该平台是自然语言处理中理解和生成任务的对话平台，预计参数量达千亿级。

2）两个领域：零售和金融。得益于京东云在零售与金融领域十余年真实场景的深耕与沉淀，已拥有4层知识体系、40多个独立子系统、3000多个意图以及3000万个高质量问答知识点，覆盖超过1000万种自营商品的电商知识图谱，更加垂直与聚焦。

3）五个应用：内容生成、人机对话、用户意图理解、信息抽取和情感分类。这五个应用涵盖零售和金融行业复用程度最高的应用场景，可在客户咨询与服务、营销文案生成、商品摘要生成、电商直播、数字人、研报生成、金融分析等领域发挥广泛的落地价值。

第3章 人工智能与机器视觉

第2章阐述了人工智能的实现问题，即计算机或智能系统如何实现人类智能，本章重点介绍机器视觉方面的研究与应用。人类通过视网膜转换人眼接收到的视觉信息看到物体，在人的感官中，视觉信息占总信息量的70%以上。机器视觉就是利用智能摄像头代替人眼做测量和判断。机器视觉不是人类视觉的简单延伸，机器视觉可以在不适合人工作业的危险环境中，对所需要的视觉信息进行处理并加以理解。

本章主要介绍什么是机器视觉，如何让机器拥有视觉，机器视觉与人类视觉的对比以及机器视觉的四个具体应用，即指纹识别、人脸识别、步态识别和虹膜识别。

3.1 给机器一双眼睛

人类是通过眼睛来观察和认识这个世界的，那么，计算机想要和人类视觉一样“看到”周围的世界需要怎么做呢？为了解决这个问题，人们提出了机器视觉（也称计算机视觉）这一概念。

美国制造工程师协会对机器视觉的定义是：使用光学非接触式感应设备自动接收并解释真实场景的图像，以获得信息控制某台机器或某个加工流程。简单来说，机器视觉是通过智能摄像头代替人眼进行测量和判断的，是模式识别研究的一个重要方面。近年来，随着感知设备识别技术的发展，其识别精度已经远远超过人眼的识别精度。

3.1.1 机器视觉的分类

机器视觉作为一门研究如何使机器“看”的科学，通常分为低层视觉与高层视觉两类。

1. 低层视觉

低层视觉主要执行预处理功能，如边缘检测、移动目标检测、纹理分析，以及立体造型、曲面色彩等，主要目的是使得看见的对象更突出，从而更准确地识别目标。如图 3-1 所示，边缘检测将图片中长颈鹿的轮廓较为清晰地描绘了出来。

图 3-1 长颈鹿的边缘检测

2. 高层视觉

高层视觉主要是在识别目标的基础上，对目标所处的事态进行分析并理解所要识别的对象。这就需要掌握与目标相关的知识，高层视觉的例子有人脸识别、指纹识别、虹膜识别等。如图 3-2 所示，在人脸识别的基础上，可以通过技术方法给出此人脸在笑的可能性为 96%。

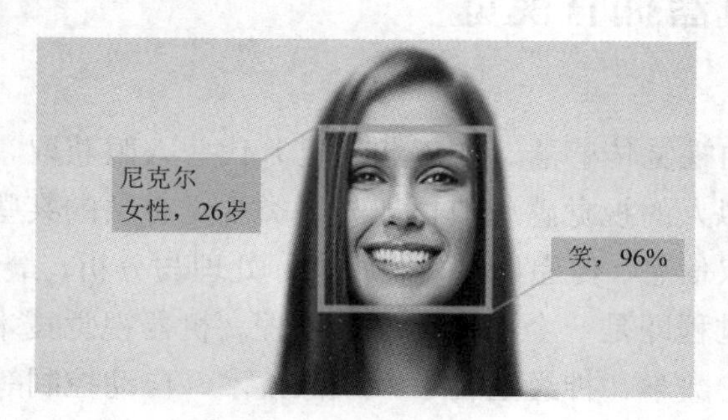

图 3-2 人脸识别

3.1.2 机器视觉实例

图 3-3 所示为对来往车辆的实时监控违章识别。通过预先安装的摄像头或无人机携带的视觉传感器，对交通信息进行采集并进行可视化显示，采用检测、识别等

技术处理，可以对违法停车、逆行等特定违章事件进行处理。

图 3-3 实时监控违章识别

机器视觉系统还可以理解为通过图像采集装置将被采集的目标转换成图像信号，传送给专用的图像处理系统；系统会根据像素分布的宽度、颜色的灰度、亮度等特征信息，将采集的目标转换成数字信号；系统进一步利用提取的特征在数据库中进行比对，进而根据辨别的结果来实现对应的操作。

总而言之，机器视觉的目标是使计算机具有通过二维图像认知三维环境信息的能力，从而能够感知与处理三维环境中物体的形状、位置、姿态、运动等几何信息。所以说，机器视觉相当于赋予机器一双认识事物的眼睛。目前，机器视觉是一个不断发展的领域，它的前沿研究课题包括实时图像的并行处理、三维景物的建模识别以及实时图像压缩、传输与复原等。

3.2 如何让机器拥有视觉

机器视觉主要由视觉传感器（如工业相机）代替人眼获取客观事物的二维图像并利用计算机来模拟人的视觉感应或再现与人类视觉有关的某些职能行为。其主要步骤是从图像中提取信息、传递信息，然后进行处理与分析，最终用于实际的检测、测量与控制，这个过程即是一个图像处理的过程。机器视觉技术是一个跨学科研究领域，包括物理学、数学、神经生物学、成像技术、自动控制等。

机器视觉最基本的步骤分为：图像预处理、边缘检测、阈值分割和图像匹配。通过以上步骤，达到识别出图像中敏感区域或对象的目的。

3.2.1 图像预处理

图像预处理的主要作用是清除二维图像中的视觉干扰，恢复有用的真实信息，增强有关信息的可检测性和最大限度地简化数据，提高数据比对过程中的特征性，从而改进特征抽取、图像分割、匹配和识别的可靠性。图 3-4 所示为人体指纹的原始图像和处理后图像对比，可见处理后的图像在清晰度和对比度方面都有一定程度的提升。

（a）原始图像

（b）处理后图像

图 3-4　人体指纹图像预处理前后对比图

3.2.2　边缘检测

当人眼识别一个目标时，会先锁定目标，排除目标之外的事物，然后对所识别的目标进行分析；而计算机视觉系统识别目标，需要先把图像边缘与背景分离出来，然后对图像细节进行感知分析，从而辨认出图像的轮廓。

实现以上两个步骤最常用的就是边缘检测算法。其基本原理为滤波（在尽量保留图像细节特征的条件下对目标图像的不必要或多余的干扰信息进行抑制）、增强（边缘增强一般通过计算梯度幅值来完成）、检测（确定哪些点是梯度幅值，即梯度幅值阈值判据）、定位（边缘位置可在子像素分辨率上估计）。图 3-5 所示为图像经过五种不同边缘检测算法后的示意图，可见图像经过边缘检测后轮廓变得更加清晰。

3.2.3　阈值分割

阈值分割的主要作用是从二维图像中获取所需目标范围。阈值即分割时作为区分物体与背景像素的取值范围，大于或等于阈值的像素属于物体，其他属于背景。

图像分割是在计算机中用数字、文字、符号、几何图形或多项组合表示图像的内容和特征，是另一种方式上对图像景物的详细描述和解释。阈值分割的基本原理是通过设定不同的特征（灰度、彩色）阈值，将图像像素分为若干类。图 3-6 所示为原图像和分割后图像的对比，可以发现，经过阈值分割后的图像人物与背景对比更加鲜明。

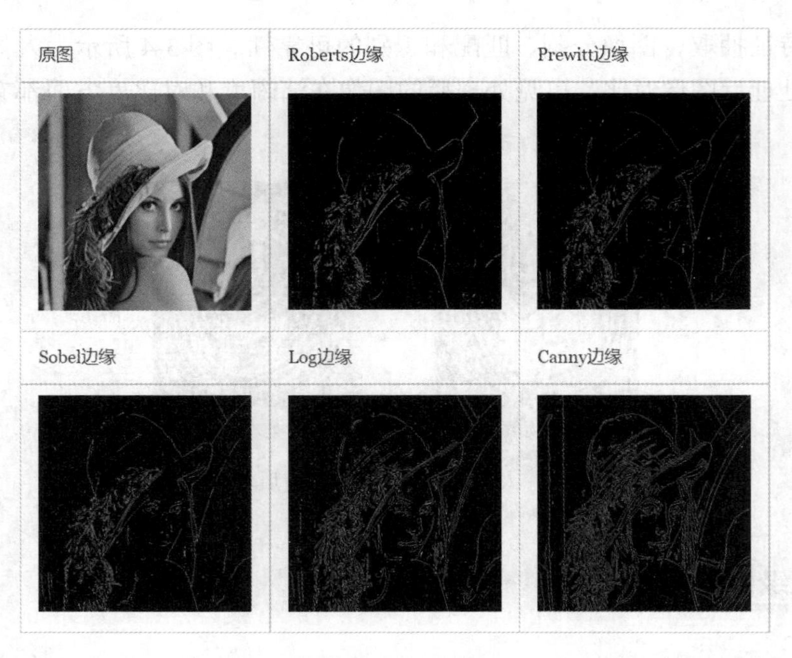

图 3-5 边缘检测

（a）原始图像

（b）分割后图像

图 3-6 阈值分割

3.2.4 图像匹配

图像匹配主要分为灰度匹配和特征匹配两种。

1）灰度匹配。基本思想是以统计的观点将图像看成二维信号，采用统计相关的方法寻找信号间的相关匹配。利用两个信号的相关函数对它们的相似性加以判断。如图 3-7 所示，通过人眼的二维信号去搜索图中的灰度匹配。灰度匹配的主要缺陷是计算量太大，由于大部分图像匹配与分类场合一般都有实时性要求，所以应用较少。

（a）搜索图

（b）模板

图 3-7 图像灰度匹配

2）特征匹配。首先根据图像内容来决定使用哪些特征进行匹配，图像一般包含颜色特征、纹理特征、形状特征、空间位置特征等。如图 3-8 所示，特征匹配会对图像进行预处理来提取其高层次的特征，然后建立两幅图像之间特征的匹配对应关系。基于图像特征的匹配方法可以克服利用灰度信息进行匹配的缺点，由于图像的特征点比像素点要少很多，这样会大大减少匹配过程的计算量。同时，特征点的提取对位置的变化比较敏感，可以减少不必要或多余的干扰信息，对灰度变化、图像形变以及遮挡等都有比较好的适应能力，因此基于特征的图像匹配在实际中的应用越来越广泛。

图 3-8 图像特征匹配

3.3 人类视觉与机器视觉

3.3.1 人类视觉系统

人类通过人类视觉系统（human visual system，HVS）来获取外界图像信息，当光辐射刺激人眼时，会引起复杂的生理和心理变化，这种感觉就是视觉。人类视觉系统的研究包括光学、色度学、视觉生理学、视觉心理学、解剖学、神经科学和认知科学等许多科学领域。

人眼类似于一个光学信息处理系统，但它不是一个普通的光学信息处理系统。从物理结构看，人类视觉系统由光学系统（晶状体和视网膜等）、视觉通路和视觉中枢组成，其中晶状体起到会聚光线的作用，视网膜起到感光和成像的作用。视网膜上的感光细胞受到光的刺激后产生视神经冲动，沿视觉通路传递到视觉中枢形成视觉，这样就在人们的头脑中建立起图像。人类视觉系统如图 3-9 所示。

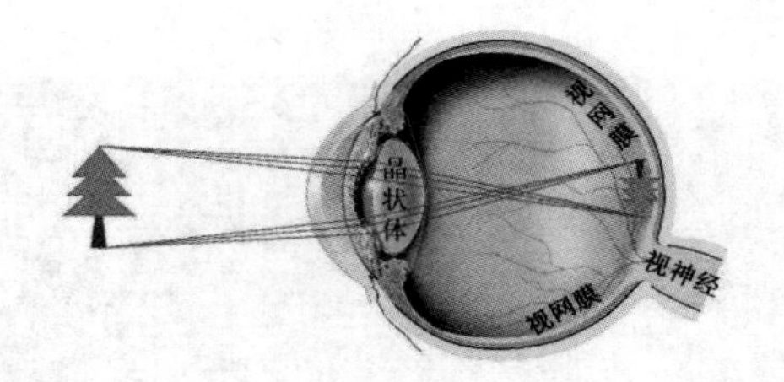

图 3-9 人类视觉系统

3.3.2 机器视觉系统优势

相较于人类视觉系统，机器视觉系统具有如下特点和优势。

1）机器视觉系统最基本的特点是提高识别的灵活性和自动化程度。机器视觉系统不仅仅是人眼的简单延伸，更重要的是能快速地从客观的图像中提取重点信息，对所需要的部分进行自动处理并加以理解，最终用于实际的测量和控制。人类视觉系统长时间工作容易疲惫，会导致效率低下和精度不高，因此机器视觉系统的使用可以大大提高生产效率和自动化程度。

2）机器视觉系统的最大优点是可实现与被观测对象无直接接触，因此对观测者和被观测者都不会产生任何损伤，十分安全可靠，这是其他方式无法比拟的。机器视觉系统可用于焊接、火药制造等特殊工业环境；另外，在一些不适于人工作业的环境，如深海、外太空、火山口（见图3-10），机器视觉系统可以代替人类视觉系统进行科学探索和地质勘探。

（a）深海　（b）外太空　（c）火山口

图3-10　特定环境的机器视觉探索

3）机器视觉系统具有较宽的光谱响应范围，扩展了人眼的视觉范围，如用于人眼看不见的红外测量等。

3.3.3 机器视觉技术应用

在工业制造领域，提高质量和生产率、降低生产和设备成本、减少停机时间、降低车间占用空间、降低废品率、加强流程控制等需求长期存在，而机器视觉技术作为20世纪70年代中期开始受到重视的一种相对新兴的，糅合了光学、图像处理等众多学科的一种多学科交叉的综合应用技术，能够在很大程度上满足工业界的这些需求。另外，现代工业自动化生产中涉及的各种检测、定位及识别工作，都是人眼很难完成的高重复性和高精确度要求的工作，因此，机器视觉技术被越来越广泛地应用于各类工业生产场景，主要应用介绍如下。

1）图像识别。机器视觉技术可对图像进行识别，以识别各种不同模式的目标和对象。最典型的应用是二维码识别，二维码是平时常见的条码中最为普遍的一种，存储了大量的数据信息，可以通过其对产品进行跟踪管理。机器视觉技术可以方便地对各种材质表面的条码和字符进行识别读取，大大提高了生产效率。

2）图像检测。图像检测是机器视觉技术在工业领域最主要的应用之一，几乎所有产品都需要进行图像检测，而人工检测存在着较多的弊端，如长时间工作准确性低、检测速度慢等。因此，机器视觉技术在图像检测方面的应用非常广泛。例如，硬币边缘字符检测、印刷过程中的套色定位以及校色检测、包装过程中的饮料瓶盖的印刷质量检测、产品的缺陷检测等。

3）视觉定位。视觉定位要求设备能够通过机器视觉技术快速准确地找到被测零件并确认其位置。在半导体封装领域，设备需要根据机器视觉技术取得的芯片位置信息调整拾取头，准确拾取芯片并进行绑定。

4）物体测量。机器视觉技术最大的特点是一种非接触测量技术，具有高精度和高速度的性能。非接触测量无磨损，消除了接触测量可能造成的二次损伤隐患。常见的机器视觉技术测量应用包括齿轮、接插件、汽车零部件、IC 元件管脚、麻花钻、罗定螺纹检测等。

5）物体分拣。物体分拣是建立在图像检测和物体检测之后的一个环节，通过机器视觉技术将图像进行处理，实现分拣。常见的机器视觉技术分拣应用有食品分拣、零件表面瑕疵自动分拣、棉花纤维分拣等。

3.4 人脸识别：慧眼识英雄

人脸识别是一项热门的计算机技术，属于生物识别技术研究领域。一般来说，生物识别技术有很多的生物特征信息获取来源，主要的生物特征包括脸型、指纹、掌纹、虹膜、视网膜、声音、体形、个人习惯（如行走方式、习惯性动作）等，因此与之对应的识别技术就有人脸识别、指纹识别、掌纹识别、虹膜识别、视网膜识别、语音识别（用语音识别可以进行身份识别或查找，也可以进行语音内容的识别、转换、翻译等，只有前者属于生物特征识别技术）、体形识别、行为识别、步态识别等。

3.4.1 人脸识别技术

人脸识别技术是根据人的面部特征进行识别分析和比较的计算机技术。广义的人脸识别技术是指构建人脸识别系统的一系列相关技术，包括人脸图像采集、人脸识别检测、人脸定位、人脸识别预处理、人脸图像特征提取与匹配、身份确认及身份查找等；而狭义的人脸识别技术是指通过人脸信息与数据库中已有的数据信息进行比对，从而实现身份确认或者身份查找的技术。

3.4.2 人脸识别的实现方式

人脸识别的实现是由人脸检测、特征提取和人脸识别三个阶段来完成的。

1. 人脸检测

人脸检测首先从采集设备中获取输入图像，然后进行图像的识别，最后获取每一个人脸图像（见图 3-11），这个过程中通常采用 Haar 特征和 AdaBoost 算法训练级联分类器对图像进行区块划分，并判断是否为人脸。如果某一矩形区域通过了级联分类器，则被判断为人脸图像。

图 3-11　人脸检测

2. 特征提取

特征提取是指通过一些具有特殊规则的数字来表征人脸信息，这些数字就是要提取的特征（见图 3-12）。人脸特征主要分为两类：一类是几何特征；另一类是表征特征。

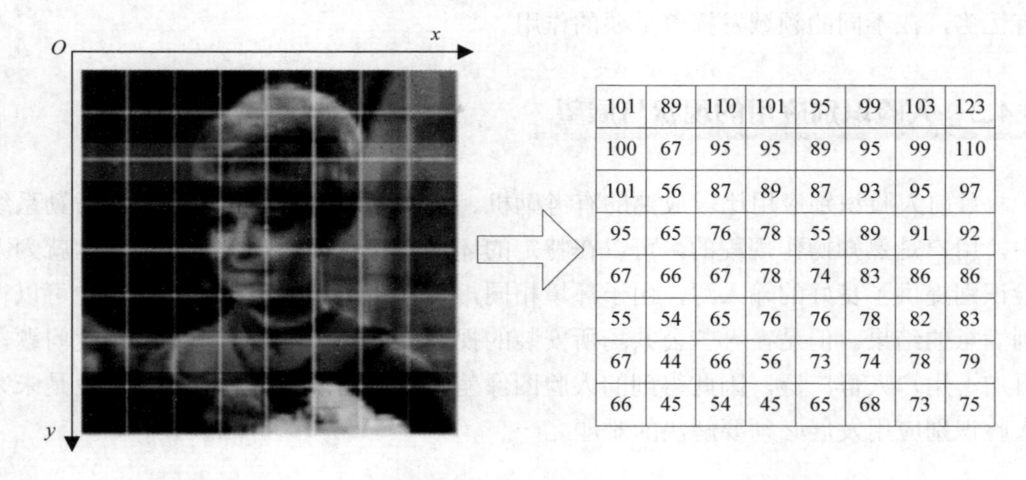

101	89	110	101	95	99	103	123
100	67	95	95	89	95	99	110
101	56	87	89	87	93	95	97
95	65	76	78	55	89	91	92
67	66	67	78	74	83	86	86
55	54	65	76	76	78	82	83
67	44	66	56	73	74	78	79
66	45	54	45	65	68	73	75

图 3-12　人脸特征提取

几何特征从字义上理解是形状上的特征，在识别领域是指眼睛、鼻子、嘴、眉毛等面部特征之间的几何关系，如距离、面积和角度等。由于算法利用了一些直观的特征，因此计算量小。不过，由于其所需的特征点不能精确选择，也因此限制了它的应用范围。另外，当光照变化、人脸有外物遮挡、面部表情变化时，特征变化较大。表征特征利用人脸图像的灰度信息，通过一些算法提取全局或局部特征。比较常用的特征提取算法有 LBP 算法。

3. 人脸识别

特征提取后再进行人脸识别，如图 3-13 所示，将从图像中采集的人脸特征与数据库中的人脸特征进行对比，根据相似度判断分类，最终确定身份。

图 3-13 人脸识别

人脸识别可以分为两个大类：一类是确认，将人脸图像与数据库中已存的该人图像进行比对，明确目标与具体身份进行单项匹配；另一类是辨认，将人脸图像与数据库中已存的所有图像进行匹配，选取相似度最高的图像，从而确定身份。显然，人脸辨认要比人脸确认困难，因为辨认需要进行海量数据的匹配。两类人脸识别各有优劣，在不同的领域发挥着重要的作用。

3.4.3 人脸识别应用的现状与展望

目前人脸识别应用比较成熟的有考勤机、安检人脸检测与录入等。在考勤系统中，用户是熟知操作规程的，可以在特定的环境下获取符合要求的人脸，这就为人脸识别提供了良好的输入源，由于环境相同，识别和检测也相对统一，往往可以得到满意的结果。但是在一些公共场所安装的视频监控探头，由于光线、角度问题，再加上用户人群广泛，因此得到的人脸图像差别较大且很难比对成功。这也是未来人脸识别应用发展必须要解决的难题之一。

3.5 指纹神话：指纹识别如何成为破案工具

对于指纹识别大家并不陌生，从手机指纹解锁到公安机关根据指纹来破案，人们的生活与指纹识别密切相关。

3.5.1　指纹识别技术

指纹识别系统是一个典型的模式识别系统，是通过特定的感应模组实现对于个体指纹特征的识别。通过该系统将用户的指纹收集并转化成数据，存储在特定的存储区域，在使用的时候进行调用和比对。其主要技术包括指纹图像获取、处理、特征提取和比对等。

1. 指纹识别技术的优点

指纹识别技术具有如下优点。

1）唯一性：指纹是指手指末端上凸凹不平的皮肤所产生的纹线。这些纹线有规律或者不规律地排列成不同的纹形。指纹在胚胎时期就随机生成并不断生长，正是这一生物特征使得指纹识别技术具有唯一性。

2）高稳定性：指纹是人类最稳定的生物特征之一。

3）高可靠性：高稳定性和唯一性决定了指纹识别的高可靠性。

4）易采集性：指纹与生俱来，随身携带，无须记忆。

5）伪造难、破译难，手指必须与指纹采集头接触，难以伪造。

指纹识别技术经过了从人工识别到自动识别的发展转变。随着计算机图像处理技术和信息技术的发展，指纹识别技术逐渐成熟，与众多计算机信息系统结合而被广泛应用。

2. 指纹识别技术类型

进行指纹识别的前提是获得良好的指纹图像，而获得良好的指纹图像是一个十分复杂的问题。因为用于测量的指纹仅是相当小的一片表皮，所以指纹采集设备应有足够好的分辨率用以获得指纹的细节。目前，指纹识别技术主要有三种类型，即电容式、光学式和超声波式。

1）电容式指纹识别技术是通过手指的皮肤与电容传感器接触，接触时在不同的皮肤间会有不同的电容差，从而识别出不同的指纹。

2）光学式指纹识别技术是通过光线照射到指纹上，将凹凸不平的指纹通过光线反射到接收器上，从而获得指纹的纹路。

3）超声波式指纹识别技术是一种新的识别技术，超声波具有穿透能力，当穿透到不同的物体时，会有不同的回波反射，从而对指纹进行识别。但该技术依旧不成熟，因此未得到广泛应用。

3.5.2 指纹识别的实现方式

指纹识别技术的主要工作过程分为三部分，即指纹图像采集、指纹图像处理和指纹匹配与对比。

首先，通过不同的指纹识别设备（如具有指纹识别功能的手机、上班指纹打卡机等）读取人体指纹，并对指纹图像进行预处理，然后进行特征值提取，形成特征数据模型，即模板，最后将模板保存到数据库中。当再次输入指纹时，会将“新”指纹与数据库中的模板进行比对，计算出相似度值，基于此判断是否匹配成功，具体步骤如图 3-14 所示。

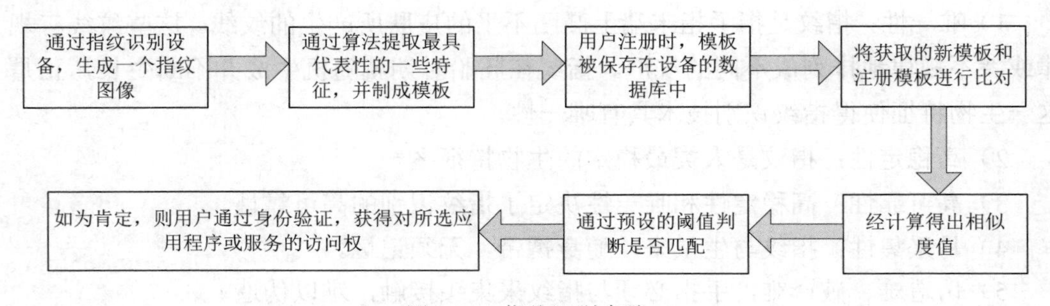

图 3-14 指纹识别步骤

1. 指纹图像采集

指纹识别的前提是进行指纹采集。目前指纹采集的实现方式主要分为两种：滑动式采集和按压式采集。

（1）滑动式采集

滑动式采集是将手指在传感器上滑过，从而获得手指指纹图像。滑动式采集具有成本低且可以采集大面积图像的优势，但存在体验较差的问题，使用者需要执行一个连续规范的滑动动作才能成功采集，这就使得采集失败的概率大大增加。

（2）按压式采集

按压式采集是在传感器上以按压方式实现指纹数据采集，这种方式用户体验较好，但是成本高，技术难度也相对高。此外，由于按压一次采集的指纹面积相对滑动式采集要小一些，因此需要通过多次采集“拼凑”出较大面积的指纹图像。这就需要先进的软件算法，通过软件算法来弥补按压式采集获得的指纹面积相对偏小的问题，以保障识别的精确度。

2. 指纹图像处理

指纹识别系统一般自动将指纹分为箕形纹（左箕、右箕）、斗形纹和弓形纹（弧形纹、帐形纹）等，如图3-15所示。

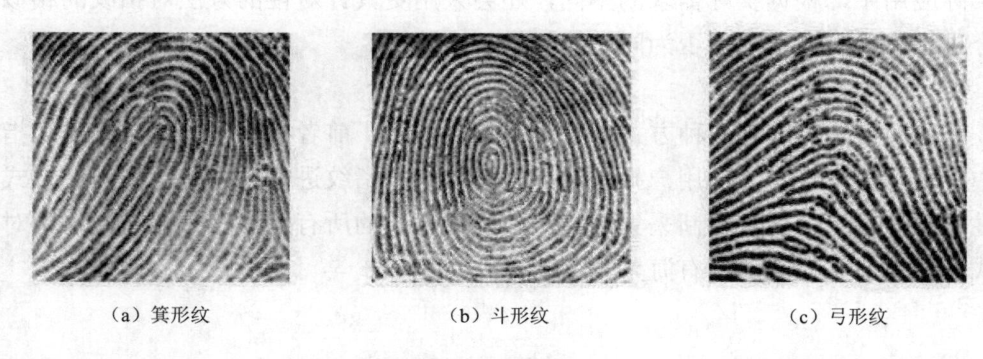

（a）箕形纹　（b）斗形纹　（c）弓形纹

图3-15　指纹纹形

指纹总体特征包括中心点和三角点等。其中，中心点位于指纹纹路的渐进中心，它在读取指纹和比对指纹时作为参考点。三角点位于从中心点开始的第一个分叉点或者断点，或者两条纹路会聚处、孤立点、转折处等，它提供了指纹纹路的计算和跟踪的开始之处。指纹偶尔会出现相同的总体特征，但在局部特征方面却不可能完全相同。指纹的局部特征是指指纹上的节点的特征，这些具有某种特征的节点称为特征点。

常用的特征点有以下几种。

1）终结点：一条纹路在此终结。

2）分叉点：一条纹路在此分开，成为两条或更多的纹路。

3）分歧点：两条平行的纹路在此分开。

4）孤立点：一条特别短的纹路，以至于成为一点。

5）环点：一条纹路分开成为两条之后，又立即合并成一条，这样的小环称为环点。

可以从预处理后的图像中提取指纹的特征点信息（如终结点、分叉点等），然后通过对特征点信息的分析进行指纹特征匹配（计算特征提取结果与已存储的特征模板的相似程度）。

3. 指纹匹配与对比

（1）指纹匹配

指纹匹配是用提取的指纹特征信息与指纹库中保存的指纹特征进行比较，判断是否属于同一指纹。判断从一个手指两次提取的指纹是否出自同一手指，特别是在相隔很长一段时间之后，实际上是件极其困难的事。

一般可以根据指纹的纹形先进行粗匹配，粗匹配之后再利用指纹形态和细节特征进行精确匹配，通过两轮匹配提高识别的准确性，并给出两枚指纹的相似性得分。在实际应用中，根据实际需求的不同，还会采用更具针对性的方法对指纹的相似性得分进行排序，或给出是否为同一指纹的判决结果。

（2）指纹对比

常见的指纹对比有两种方式：一对一和一对多。前者根据具体的信息先从指纹库中检索并获取待对比的用户指纹，再与新采集的指纹进行比对，这种对比方式针对性强、耗时短；后者将新采集的指纹和指纹库中的所有指纹逐一比对，这种对比方式耗时长，不适用于拥有海量数据的指纹库。

3.6 步态识别：走两步就知道你是谁

3.6.1 步态识别技术

步态识别是一种新兴的生物特征识别技术（见图 3-16），从字面上理解就是对走路姿势的采集和分析，意在通过人们走路的姿态进行身份识别与确认。与其他生物特征识别技术相比，步态识别具有非接触、背影可识别和不容易伪装的优点，在智能视频监控与识别领域，比图像识别更具优势。步态是指人们走路的姿态，这是一种复杂的行为特征，不同的人可能会有相似的运动轨迹，但是不同的身高比例及细节特点为步态识别带来了更大的空间和发展前景。有些人尝试故意伪装，试图瞒过步态识别的检测，但是在一些匆忙的情况下，行走这种下意识的行为就会被计算机分析并识别出目标身份。

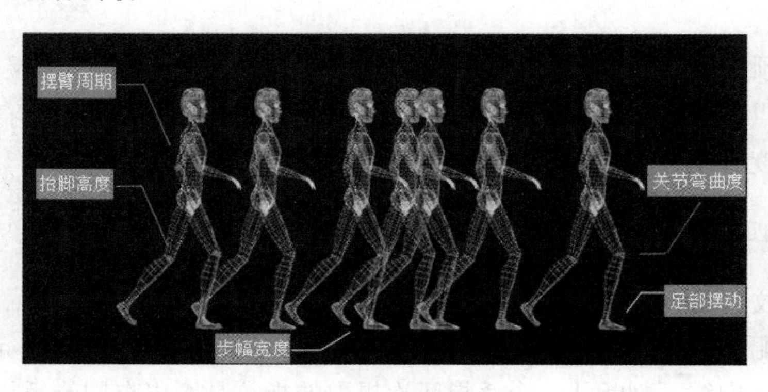

图 3-16 步态识别

英国南安普顿大学的马克·尼克松（Mark Nixon）教授的研究显示，步态特征因人而异，因为人们在肌肉的力量、肌腱和骨骼的长度、体形特征、骨骼密度、协调能力、生活习惯、体重、重心、肌肉、生理条件等方面存在细微差异。一个人要伪装走路可能不难，但是想彻底改变走路姿势非常困难，不管是戴着面具还是进行其他伪装，他们的步态还是会被识别系统捕捉并进行分析比对的。

人类由于视觉和大脑等方面的先天优势，自身很善于进行步态识别与分析，在确定的距离之内能够根据经验很好地通过步态辨别出熟悉的人。常见的步态识别输入是一段或多段行走的视频图像序列，因此其数据采集与人脸识别类似，最终都是在静态图像上进行分析，具有非侵犯性和可接受性。但是，由于序列图像的数据量较大，包含多重信息，因此步态识别的计算复杂性比较高，处理起来也比较困难，同时由于序列图像的处理也会使精确度更高。尽管生物力学专家对于步态进行了大量的研究工作，但从技术角度上讲，步态识别对技术的综合性要求较高。基于步态的身份鉴别研究需要解决许多底层技术，从人形检测、分割、跟踪到匹配和识别，每一个环节都需要大量数据和运算的支撑——对模型精准度、反应速度及测试样本的分割标注精度提出了很高的要求。

3.6.2 步态识别的实现方式

步态是远距离复杂场景下唯一可清晰成像的生物特征，即便人们在几十米外戴着面具、背对着普通摄像头，步态识别算法也能对其进行身份判断，以实现自动的身份识别。步态识别技术是融合计算机视觉、模式识别与视频图像序列处理的一门技术，可适用于各种分辨率、光照和角度。步态识别的实现步骤大致如下。

1）由监控摄像机或智能摄像机采集人的步态，通过对目标的检测与跟踪获得步态的视频序列，将视频序列传回计算机进行预处理分析，提取该目标的步态特征，即对图像序列中的步态运动进行运动检测、运动分割、特征提取等。

2）经过进一步处理，系统按一定的步态模式进行划分和解析，形成一定的步态特征。

3）系统将新采集的步态特征与步态数据库中的步态特征进行比对识别，选取相似度最高的进行身份匹配，确认目标后进行示警或监控等。

因此，一个视频监控的自动步态识别系统，实际上主要由监控摄像机、一台计算机与一套好的步态视频序列的处理与识别软件和与之配套的步态数据库组成。其中，最关键的是步态识别的软件算法，在大量数据条件下，不同的算法效率差异极大。因此，对视频监控系统的自动步态识别的研究，也主要是指对步态识别软件算法的研究。

3.7 虹膜识别：独一无二的人眼虹膜

虹膜识别在近年来的科幻电影中有着广泛的应用场景，为什么虹膜识别如此受欢迎？它究竟有什么奥妙呢？

3.7.1 虹膜识别技术

首先从人眼构造说起，从外部来看，巩膜、虹膜、瞳孔是人眼能见组织的三个主要部分，巩膜即眼球外可以看见的白色部分，眼球中心为瞳孔部分，虹膜位于巩膜和瞳孔之间，包含了最丰富的纹理信息。从外观上看，虹膜由许多腺窝、皱褶、色素斑等构成，是人体中最独特的结构之一，如图 3-17 所示。

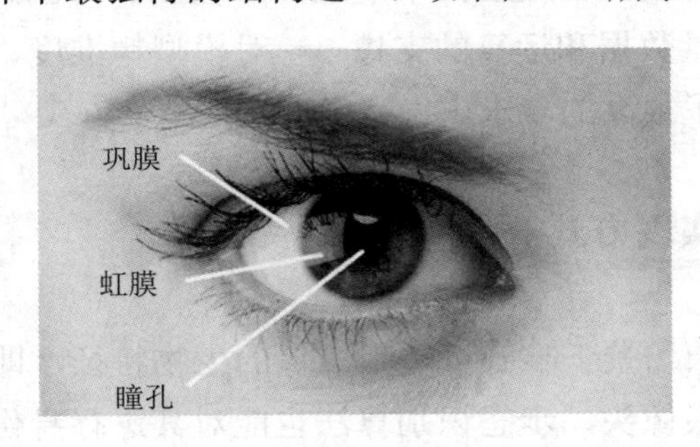

图 3-17 虹膜识别

虹膜识别具有以下先天优势。

1）唯一性。由于虹膜图像存在着许多随机分布的细节特征，造就了虹膜模式的唯一性。英国剑桥大学的约翰·道格曼（John Daugman）教授提出的虹膜相位特征证实了虹膜图像有 244 个独立的自由度，即平均每平方毫米的信息量是 3.2B。实际上，用模式识别提取图像特征是有损压缩过程，可以预测虹膜纹理的信息容量远大于此。虹膜的细节特征主要是由胚胎发育环境的随机因素决定的，即使是克隆人、双胞胎、同一人左右眼的虹膜图像之间也具有显著差异。虹膜的唯一性为高精度的身份识别奠定了基础。

2）稳定性。虹膜从婴儿胚胎期的第 3 个月开始发育，到第 8 个月其主要纹理结构已经形成。除非经历危及眼睛的外科手术，此后几乎终生不变。由于角膜的保护作用，发育完全的虹膜不易受到外界的伤害。

3）非接触性。虹膜是一个外部可见的内部器官，不必紧贴采集装置就能获取合格的虹膜图像，识别方式相对于指纹、手形等需要接触感知的生物特征更加干净卫生，不会污损成像装置而影响其他人的识别。

4）便于信号处理。在眼睛图像中和虹膜邻近的区域是瞳孔和巩膜，它们和虹膜区域存在着明显的灰度阶变，并且区域边界都接近圆形，因此虹膜区域易于拟合分割和归一化。虹膜结构有利于实现一种具有平移、缩放和旋转不变性的模式表达方式。

5）防伪性好。虹膜的半径小，在可见光下中国人的虹膜图像呈现深褐色，看不到纹理信息，具有清晰虹膜纹理的图像获取需要专用的虹膜图像采集装置和用户的配合，因此在一般情况下很难盗取他人的虹膜图像。

基于虹膜的生物特征识别方法在识别率、错误率等方面的性能指标优于其他生物特征识别方法。据统计，与人脸、声音等非接触式的生物特征识别方法相比，虹膜具有更高的准确性。

3.7.2 虹膜识别的实现方式

在直径11mm的虹膜上，道格曼核心算法用3.2B的数据来代表每平方毫米的虹膜信息，这样，一个虹膜约有266个量化特征点，而一般的生物识别技术的识别范围在13～60个特征点。266个量化特征点的虹膜识别算法在众多虹膜识别技术资料中都有讲述。在算法和人类眼部特征允许的情况下，道格曼指出，通过他的开发算法可获得173个二进制自由度的独立特征点。在生物识别技术中，这个特征点的数量是相当大的。

下面从算法、精确度、录入与识别三个方面来介绍虹膜识别。

1. 算法

虹膜识别算法的第一步是通过一个距离眼睛3in（约7.5cm）的精密相机来确定虹膜的位置。当相机对准眼睛后，算法逐渐将焦点对准虹膜左右两侧，确定虹膜的外沿，这种水平方法会受到眼睑的阻碍。接下来算法会将焦点对准虹膜的内沿（即瞳孔）并排除眼液和细微组织的影响。单色相机利用可见光和红外线，红外线定位在700～900mm范围内，在虹膜的上方，算法通过二维Gabor子波的方法来细分和重组虹膜图像。

2. 精确度

就精确度而言，虹膜识别技术是目前精确度最高的生物特征识别技术：两个不同的虹膜之间相似度是75%的可能性是1/106，等错误率（衡量识别系统整体效能的参数，值越小表示算法的整体性能越高）是1/1200000，两个不同的虹膜产生相同的虹膜采样代码的可能性是 1/1052。

3. 录入与识别

虹膜的定位可在 1s 内完成，产生虹膜代码的时间也仅需 1s，数据库的检索也相当快。处理器速度是大规模检索的一个瓶颈，另外网络和硬件设备的性能也制约着检索的速度。由于虹膜识别技术采用的是单色成像技术，因此一些图像很难从瞳孔的图像中分离出来，但是虹膜识别技术所采用的算法允许图像质量在某种程度上有所变化。相同的虹膜所产生的虹膜代码也有 25%的变化，这听起来好像是这一技术的致命弱点，但在识别过程中，这种虹膜代码的变化只占整个虹膜代码的 10%，它所占代码的比例是相当小的。

近些年，虹膜图像采集技术向着通用摄像机的方向发展，采集距离也在不断增大，这些技术的进步扩宽了虹膜识别技术的应用领域。

第4章 人工智能与语音识别

第3章阐述了什么是机器视觉以及机器视觉与人类视觉的关系，本章重点关注语音识别技术。人类生活丰富多彩，除了多样的视觉信息，大量的语音信息也对人类生活的沟通交流、文明传播等方面起着极其重要的作用。语音识别技术就是让机器通过识别和理解，把语音信号转变为相应的文本或命令的技术。本章将阐述与人工智能相关的“语音识别”“自然语言处理”等实现方式。

本章主要介绍语音识别技术、自然语言处理、文字识别、机器听觉与人的听觉、机器翻译以及听声定位实现鸣笛抓拍。

4.1 听声辨字：语音识别技术

语音识别是一门交叉学科，也被称为自动语音识别。近年来，语音识别技术发展迅速，已经从实验室走向市场，并广泛应用于日常生活。简单地说，语音识别实际就是将人说话的内容和要表达的意思转换为计算机可识别的信息，也就是将一段语音信号转换成相对应的文本信息。

语音识别包括两方面的含义：一方面是逐字分析，按顺序划分句子结构，可能存在语义不通或产生歧义的情况；另一方面是对口语中所包含的命令或请求加以领会，对句子结构做出正确的分析与回应，而不仅仅只是快速地进行文字录入与转换。现在，科大讯飞推出的语音识别产品能够将输入的语音实时、准确地进行识别，甚至能将带有大量口语化和连读的英语准确地识别出来。

分析和领会语言的含义，需要识别语音中包含的语法和语义，这些语法和语义信息存储在语言模型中。简短的语句如“是的”“好的”，直接翻译效率就很高。但如果句子变得复杂，尤其中、大词汇量的语音识别系统，语言模型就显得特别重要。当句子结构的分类发生错误时，可以根据语言模型、语法结构、语义学进行判断纠正，特别是一些同音字、歧义词、反义词等必须通过上下文结构才能确定的语义。如图4-1所示，英文里的“weak”和“week”、“for”和“four”等词发音一致，中文里的“订金”和“定金”只有通过上下文结构才能确定语义。可喜的是，华为 AI 语音助手小艺能够分析和领会语言的含义，从而准确地进行识别。

图 4-1　华为 AI 语音助手小艺语音翻译

语音识别首先要通过耳朵或骨传导获取声音，那么语音识别系统也要有对应的声音获取装置，简单来说，这种装置就是声音传感器。

声音传感器内有一个对声音极其敏感的电容式驻极体话筒，这样声波使话筒内的驻极体薄膜振动，导致电容发生变化，产生与之对应变化的微小电压，这些电压经过后续处理变成存储在计算机中的数据。简单来说，获取声音并加以处理的过程就称为语音识别。目前广泛应用的语音识别方法有三种：基于语音学和声学的方法、模板匹配的方法，以及利用人工神经网络的方法。

4.1.1　基于语音学和声学的方法

基于语音学和声学的方法起步较早，在语音识别技术刚刚兴起时，就已经有了这方面的研究，但由于其模型及语音知识过于复杂，需要处理的数据量庞大，导致现阶段没有达到实用的阶段。

如图 4-2 所示，通常我们会将一个长句进行划分，主要依托于语音的频域或时域特性进行处理，该方法可以分为两步实现。第一步，分段和标号。把语音信号按时间分成等间隔的多段，每段对应一个或几个语音基元的声音特性，然后进行比对和处理，最后根据相应声学特性对每个分段匹配相近的语音标号。第二步，将上一步的语音标号进行整合，得到词序列。具体来说，就是根据第一步所得的语音标号序列得到一个语音基元网格，从词典或数据库中得到有效的词序列，也可以结合句子的文法和语义同时进行，这样能够使得到的语音数据更为贴合实际。

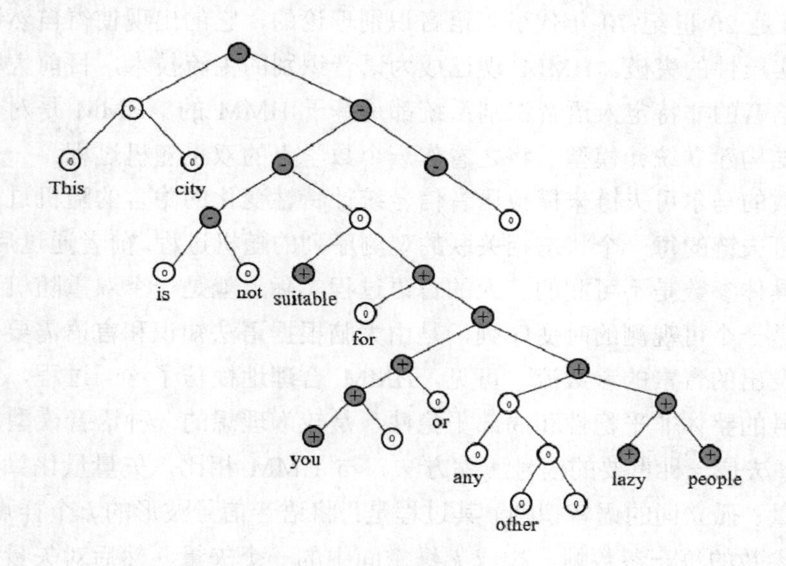

图 4-2 基于语音学和声学对长句进行划分

4.1.2 模板匹配法

模板匹配法发展比较成熟，目前广泛应用于主流市场。模板匹配法主要包含四个步骤：特征提取、模板训练、模板分类和判决。

1）特征提取是指提取目标声音的声强、响度、音高、频率等一系列参数。

2）模板训练是指对一定数量类别已知的训练样本进行一定范围去干扰的处理。

3）模板分类是指将模板训练后的样本按一定逻辑规则加以区分定义并保存至数据库。

4）判决是指将目标声音进行一定处理后与数据库模板加以比较、分类并确定最终识别结果。

模型匹配法常用的技术有三种：动态时间规整（dynamic time warping，DTW）、隐马尔可夫模型（hidden Markov model，HMM）和矢量量化（vector quantization，VQ）。

语音信号的端点检测是进行语音识别中的一个基本步骤，它是特征训练和识别的基础。所谓端点检测就是在语音信号中的各种段落（如音素、音节、词素）的始点和终点的位置，从语音信号中排除无声段。在早期，进行端点检测的主要依据是能量、振幅和过零率，但效果往往不明显。20 世纪 60 年代，日本学者板仓提出了 DTW 算法。该算法的思想就是把未知量均匀地伸长或缩短，直到与参考模式的长度一致。在这一过程中，未知单词的时间轴要不均匀地扭曲或弯折，以使其特征与模型特征对正。

HMM 是 20 世纪 70 年代引入语音识别理论的，它的出现使得自然语音识别系统取得了实质性的突破。HMM 现已成为语音识别的主流技术，目前大多数大词汇量、连续语音的非特定人语音识别系统都是基于 HMM 的。HMM 是对语音信号的时间序列结构建立统计模型，将之看作一个数学上的双重随机过程：一个是用具有有限状态数的马尔可夫链来模拟语音信号统计特性变化的隐含的随机过程；另一个是与马尔可夫链的每一个状态相关联的观测序列的随机过程。前者通过后者来表现，但前者的具体参数是不可测的。人的言语过程实际上就是一个双重随机过程，语音信号本身是一个可观测的时变序列，是由大脑根据语法知识和言语需要（不可观测的状态）发出的音素的参数流。可见，HMM 合理地模仿了这一过程，很好地描述了语音信号的整体非平稳性和局部平稳性，是较为理想的一种语音模型。

VQ 算法是一种重要的信号压缩方法。与 HMM 相比，矢量量化算法主要适用于小词汇量、孤立词的语音识别。其过程是：将语音信号波形的 k 个样点的每一帧，或有 k 个参数的每一参数帧，构成 k 维空间中的一个矢量，然后对矢量进行量化。量化时，将 k 维无限空间划分为 M 个区域边界，然后输入矢量并与这些边界进行比较，最后被量化为“距离”最小的区域边界的中心矢量值。矢量量化器的设计就是从大量信号样本中训练出好的码书，从实际效果出发寻找到好的失真测度定义公式，设计出最佳的矢量量化系统，用最少的搜索和计算失真的运算量实现最大可能的平均信噪比。

4.1.3 人工神经网络方法

与往常的计算机运行模式不同，人工神经网络系统不是根据事先编写好的指令完成特定的任务的，如图 4-3 所示，它模拟生物神经网络，由连接的节点（或神经元）组成。每个连接都会随着学习例子的过程计算它的权重，权重的大小可以强化或弱化连接的信息传递。通常，节点会集聚成不同的“层”，只有当那一层所有的信息都通过一个关卡时，信息才能被传输。不同的“层”会对传输进来的信息进行不同方式的变换。根据不同的学习环境，人工神经网络的学习方式可分为监督学习和非监督学习。在监督学习中，将训练样本的数据加到网络输入端，同时将相应的期望输出与网络输出相比较，得到误差信号，以此控制权值连接强度的调整，经多次训练后收敛到一个确定的权值。当样本情况发生变化时，经学习可以修改权值以适应新的环境。使用监督学习的人工神经网络模型有反传网络、感知器等。在非监督学习中，事先不给定标准样本，直接将网络置于环境中，使学习阶段与工作阶段成为一体。此时，学习规律的变化服从连接权值的演变方程。人工神经网络具有自适应性、并行性、鲁棒性、容错性和学习特性，但由于需要数据库提供海量的数据支撑，因此存在训练时间太长的缺点，目前仍处于实验探索阶段。另外，由于人工神经网络不能很好地描述语音信号的时间动态特性，因此常把人工神经网络与传统识别方法相结合，利用各自的优点进行语音识别。

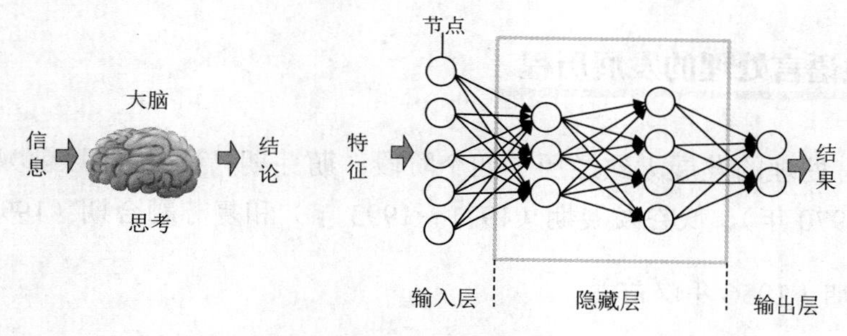

图 4-3　人工神经网络

4.2　自然语言处理：让机器能听懂人类的语言

比尔·盖茨说：“语言理解是人工智能皇冠上的明珠。”若计算机能够理解、处理自然语言，将是人工智能的一项重大突破。自然语言理解的研究在应用和理论两个方面都具有重大的意义。

如图 4-4 所示，从微观角度来说，自然语言处理是指从自然语言到机器内部表示形式的一个映射。从宏观角度来说，自然语言处理是指机器能够执行人类所期望的某种与语言相关的功能，这些功能主要包括回答问题、文摘生成、释义和翻译。回答问题是指机器能正确地回答用自然语言输入的有关问题；文摘生成是指机器能产生输入文本的摘要；释义是指机器能用不同的词语和句型复述输入的自然语言信息；翻译是指机器能把一种自然语言翻译成另一种自然语言。

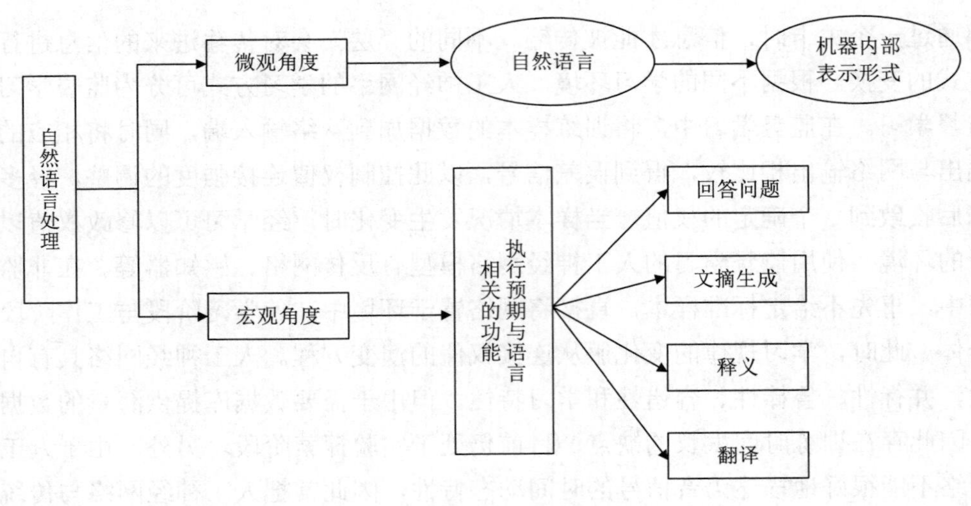

图 4-4 自然语言处理

4.2.1 自然语言处理的发展历程

自然语言处理的发展大致经历了四个阶段：萌芽期（1956 年以前）、快速发展期（1957～1970 年）、低谷发展期（1971～1993 年）和复苏融合期（1994 年至今）。

1. 萌芽期（1956 年以前）

随着第一台计算机问世，英国数学家安德鲁·布斯（Andrew Booth）和美国数学家沃伦·韦弗（Warren Weaver）开始了机器翻译方面的研究，当时的美国、苏联等国展开的英俄互译研究工作开启了自然语言处理研究的早期阶段。在这一时期，美国语言学家乔姆斯基提出了形式语言和形式文法的概念，把自然语言和程序设计语言置于相同的层面，用统一的数学方法来解释和定义。

2. 快速发展期（1957～1970 年）

该时期主要以关键词匹配技术为主，这时已经产生了一些自然语言处理系统，用来处理受限的自然语言子集。这些人机对话系统可以作为专家系统、办公自动化系统及信息检索系统等自然语言人机接口，具有很大的实用价值。但这些系统大都没有真正意义上的文法分析，而主要依靠关键词匹配技术来识别输入句子的意思。1968 年，美国麻省理工学院的拉斐尔·赖夫（Rafael Reif）开发的语义信息检索（semantic information retrieval，SIR）系统能记住用户通过英语告诉它的事实，然后对这些事实进行演绎，进而回答用户提出的问题。德裔计算机科学家魏岑鲍姆开发的世界上第一个聊天机器人伊丽莎（Eliza）能模拟心理医生同患者谈话。

3. 低谷发展期（1971～1993年）

这个时期是以句法语义分析技术为主的时期。自然语言处理的研究在句法语义分析技术方面取得了重要进展，出现了若干有影响的自然语言处理系统。比如1972年，美国BBN公司的伍兹负责设计的LUNAR是第一个允许用语言同计算机对话的人机接口系统，用于协助地质学家查找、比较和评价阿波罗11号飞船带回来的月球标本的化学分析数据。同年，美国计算机科学家什穆埃尔·威诺格拉德（Shmuel Winograd）设计的SHEDLU系统是一个在“积木世界”中进行英语对话的自然语言处理系统。

4. 复苏融合期（1994年至今）

这个阶段的研究借鉴了许多人工智能和专家系统中的思想，引入了知识的表示和推理机制，使自然语言处理系统不再局限于单纯模仿语言句法和词法的研究，提高了系统处理的正确性，从而出现了一批商品化的自然语言人机接口和机器翻译系统。

4.2.2 自然语言处理过程的层次

语言虽然可以表示成一串文字符号或一串声音流，但其内部是一个层次化的结构，从语言的构成中就可以清楚地看到这种层次性。文字表达句子的层次是“词素—词—词组或句子”，也就是说由词素构成词，再由词构成词组或者句子；而声音表达句子的层次是“音素—音节—词—句子”，其中每个层次都受到文法规则的制约。因此，语言的处理过程也是一个层次化的过程。一般来说，语言处理过程分为五个层次，分别是语音分析、词法分析、句法分析、语义分析和语用分析。

1. 语音分析

语音分析就是研究语言所存在的外界环境对语言使用所产生的影响。它是自然语言理解中更高层次的内容。语音分析是根据音位规则，从语言流中区分出各个独立的音素，再根据音位形态规则找出各个音节及其对应的词素或词。

2. 词法分析

词法分析是从句子中切分出词，找出词中的各个词素，从中获得单词的语言学信息并确定单词的词义。不同的语言对词法分析有不同的要求，例如，英语和汉语在词法分析上就有较大的差异。

在英语等语言中，因为词之间是以空格自然分开的，切分一个词很容易，所以找出句子的各个词就很方便。但是，由于英语中的词有词性、数、时态、派生及变形等变化，要找出词中的各个词素就相对比较复杂，需要对词尾或词头进行分析。例如，importable 可以切分为 im-port-able 或 import-able 两种，这是因为 im、port、able 这三个都是词素。在汉语中，因为每个字就是一个词素，所以要找出各个词素是相当容易的。但要切分出各个词就非常困难，不仅需要构词的知识，还需要解决可能遇到的切分歧义。例如，“机器翻译程序”也可能有两种切分：第一种切分，机器—翻译程序；第二种切分，机器翻译—程序。

3. 句法分析

句法分析是对句子或短语结构进行分析，以确定构成句子的各个词、短语之间的关系以及它们在句子中的作用等，将这些关系用层次结构加以表达，并对句法结构进行规范化。最常见的句法分析方式是文法分类，它是美国语言学家乔姆斯基在 1950 年根据形式文法中所使用的规则提出的，同时他还定义了四种形式的文法结构。

4. 语义分析

句法分析完成后，一般还不能理解被分析的句子，至少还需要对其进行语义分析。语义分析是把分析得到的句法成分与应用领域中的目标表示进行关联。简单的做法就是依次使用独立的句法分析程序和语义解释程序。但这样做容易使句法分析和语义分析相分离，在很多情况下无法决定句子的结构。为了有效地实现语义分析，并能与句法分析紧密结合，研究者提出了多种语义分析方法，如语义文法和格文法。

5. 语用分析

语用分析就是研究语言所处的外界环境对语言使用所产生的影响，它是自然语言处理中更高层次的内容。语用分析把语句中表述的对象和对对象的描述，与现实的真实事物及其属性相关联。在这个过程中找到真实具体的细节，把这些细节与语句系统地对应起来，形成动态的表意结构。把话语放在语言使用者和语言使用环境（语境）对它的制约中进行分析，为的是了解语用意义和话语的结构在这些制约下的变化，从而发现其中的规律。需要的基本元素有四个：语言信息的发出者、语言信息的接受者、发语者用语言符号表达具体内容、语言使用环境。

4.3 文字识别：识文断字的机器人

所谓的机器翻译又称机译，是利用计算机把一种自然语言转变成另一种自然语

言的过程，如图 4-5 所示。在翻译工具中输入中文的“你好”时，可以得到英文的“hello”；输入“谢谢”时，可以得到法文的“Merci”；输入“再见”时，可以得到韩文的“안녕히가세요”。总而言之，可以得到想要的任意语种对应的语言。

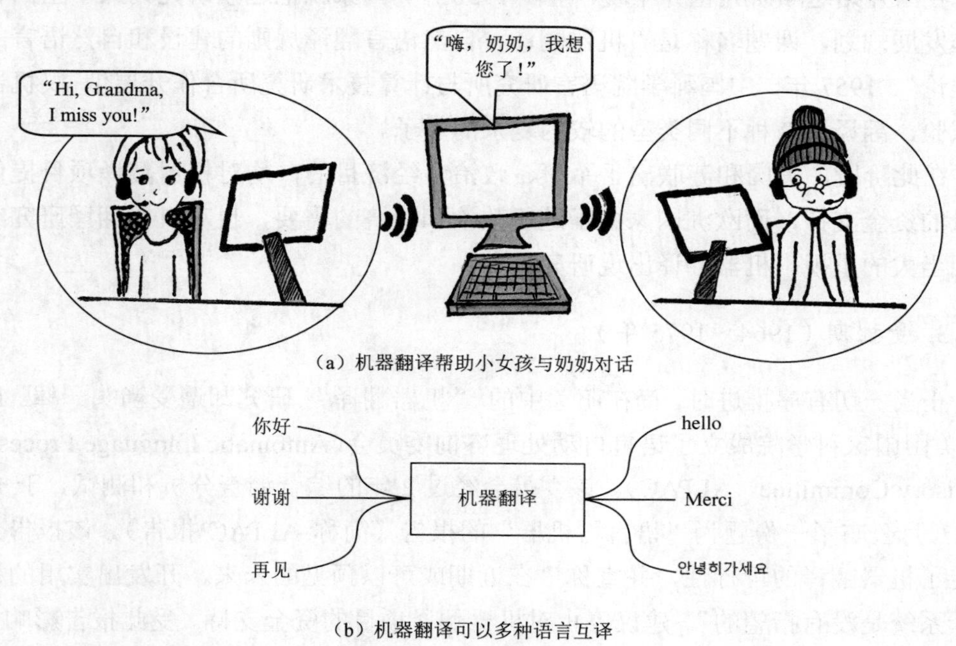

（a）机器翻译帮助小女孩与奶奶对话

（b）机器翻译可以多种语言互译

图 4-5　机器翻译实例

4.3.1　机器翻译的发展历程

机器翻译的发展大体上可以分为六个阶段：萌芽期（1933～1949 年）、开创期（1950～1963 年）、受挫期（1964～1975 年）、复苏期（1976～1989 年）、发展期（1990～2005 年）、繁荣期（2006 年至今）。

1. 萌芽期（1933～1949 年）

1933 年，法国科学家阿尔楚尼（G. B. Artsouni）提出了用机器来进行翻译的想法。1946 年，世界上第一台现代电子计算机 ENIAC 诞生。随后不久，信息论的先驱、美国科学家韦弗于 1947 年提出利用计算机进行语言自动翻译的想法。1949 年，韦弗发表《翻译备忘录》，正式提出机器翻译的思想。

2. 开创期（1950～1963 年）

1954 年，美国乔治敦大学在 IBM 公司协同下，用 IBM-701 计算机首次完成了英俄机器翻译试验，向公众和科学界展示了机器翻译的可行性，从而拉开了机器翻译研究的序幕。

我国开始这项研究也并不晚，早在1956年，国家就把这项研究列入了全国科学工作发展规划，课题名称是“机器翻译、自然语言翻译规则的建设和自然语言的数学理论”。1957年，中国科学院语言研究所与计算技术研究所合作开展俄-汉机器翻译试验，翻译了9种不同类型的较为复杂的句子。

在此阶段，美国和苏联出于军事、政治、经济目的，均对机器翻译项目提供了大量的资金支持，而欧洲国家由于地缘政治和经济的需要，也对机器翻译研究给予了相当大的重视，机器翻译出现研究热潮。

3. 受挫期（1964～1975年）

正当一切有序推进时，尚在萌芽中的“机器翻译”研究却遭受当头一棒。1964年，美国国家科学院成立了语言自动处理咨询委员会（Automatic Language Processing Advisory Committee，ALPAC）。该委员会经过2年的综合调查分析和测试，于1966年11月公布了一份题为“语言与机器”的报告（简称ALPAC报告）。该报告全面否定了机器翻译的可行性，并宣称“在近期或可以预见的未来，开发出实用的机器翻译系统是没有指望的”。建议停止对机器翻译项目的资金支持。受此报告影响，各类机器翻译项目锐减，机器翻译研究出现了空前的萧条。

4. 复苏期（1976～1989年）

随着科学技术的发展和各国科技情报交流的日趋频繁，国家与国家之间的语言障碍显得更为严重，传统的人工作业方式已经远远不能满足需求，迫切地需要计算机来从事翻译工作。同时，计算机科学、语言学研究的发展，特别是计算机硬件技术的大幅提高以及人工智能技术在自然语言处理方面的应用，从技术层面推动了机器翻译研究的复苏，如Weinder系统、EURPOTRA多国语翻译系统、TAUM-METEO系统等机器翻译系统被研发出来。在此阶段，我国的机器翻译研究发展也进一步加快，先后研制成功了KY-1和MT/EC863两个英汉机译系统，表明我国在机器翻译技术方面取得了长足的进步。

5. 发展期（1990～2005年）

1993年，IBM公司的Brown和Della Pietra等提出基于词对齐的翻译模型，标志着统计机器翻译方法的诞生。随着语料库的完善与高性能计算机的发展，统计机器翻译很快成为当时机器翻译研究与应用的代表性方法。2003年，英国爱丁堡大学的Koehn提出短语翻译模型，使机器翻译效果显著提升，推动了工业应用。2005年，

David Chang 进一步提出层次短语模型，同时基于语法树的翻译模型的研究也取得了长足的进步。

6. 繁荣期（2006 年至今）

2006 年，谷歌公司推出了一个在线的免费自动翻译服务，也就是大家熟知的谷歌翻译。这使得机器翻译这种“高大上”的技术快速进入人们的生活，而不再是束之高阁的科研想法。

自 2011 年开始，伴随着语音识别、机器翻译技术、深度神经网络技术的快速发展和经济全球化的需求，口语自动翻译研究成为信息处理领域新的研究热点。谷歌公司于 2011 年 1 月正式在其 Android 系统上推出了升级版的机器翻译服务，目前谷歌翻译可以在超过 70 种语言之间进行互相翻译。微软公司的 Skype 于 2014 年 12 月宣布推出实时机器翻译的预览版、支持英语和西班牙语的实时翻译，并宣布支持 40 多种语言的实时翻译功能。

2013 年和 2014 年，英国牛津大学、谷歌公司、加拿大蒙特利尔大学的研究人员提出端到端的神经机器翻译（neural machine translation，NMT），开创了深度学习翻译新时代。2015 年，蒙特利尔大学引入 Attention 机制，NMT 达到实用阶段；2016 年，谷歌 GNMT（Google's NMT）发布，科大讯飞上线 NMT，标志着 NMT 开始大规模应用。

4.3.2　机器翻译与人工翻译的区别

机器翻译分以下步骤：①一句一句地处理，处理第一句时不知道第二句的内容是什么，处理第二句时也不再去参考第一句的内容；②对源语言的分析只是求解句法关系，完全不是句子意义上的理解；③它的开发者要求它几乎是万能的，似乎什么领域都能应付，从计算机到医学，从化工到法律，似乎只要换一部专业词典就可以了；④它的译文转换是基于源语言的句法结构的，受源语言的句法结构的束缚；⑤它的翻译只是句法结构和词汇的机械对应。

对人工翻译而言，一般会：①通读全文，并且前后照应；②对源语言希望能得到意义上的理解；③只有专业翻译人员，没有一个是万能翻译人员；④人工翻译是基于其对源语言的理解，不受源语言的句法结构的束缚；⑤人工翻译是一个再创作的过程。

机器翻译出现误差在所难免。原因在于，机器翻译运用语言学原理，自动识别语法、调用存储的词库，自动进行对应翻译，但是因汉语的语法、词法、句法发生变化或者不规则，出现错误是难免的，比如《大话西游》中“你给我个杀我的理由先”之类状语后置的句子，机器翻译就很难翻译准确。另外，机器翻译不适宜翻译带有复杂感情的文字，如“关关雎鸠，在河之洲”“所谓伊人，在水一方”等。机器毕竟是机器，没有人类对语言的特殊感情。

对比人工翻译，机器翻译的主要优势有两方面：一是速度快，人工翻译几天才能完成的任务，机器翻译只需要几分钟就能完成，大大提高了文档翻译的效率；二是成本低，人工翻译的收费不便宜，需要翻译的文档数量越多，价格就会越高，而目前机器翻译的收费较人工翻译低很多。

总的来说，机器翻译较人工翻译的优势在于翻译速度快、成本低等，劣势在于准确率较人工翻译低，但随着技术的发展，机器翻译的准确率会逐步提升。

4.3.3 机器翻译的发展前景

机器翻译的现状可概括为以下四点。

1）发展很快，机器翻译的性能在逐渐提高，实用化翻译软件产品逐渐增多。

2）译文质量普遍较低，可读性较差。

3）理想与现实之间差距很大，用户期望值很高，而翻译软件能力较低。

4）机器翻译的理论研究没有取得重大突破。

纵使目前机器翻译还有很多难点需要攻克，但未来的发展趋势还是比较乐观的，它是计算语言学的一个分支，是人工智能的终极目标之一，具有重要的科学研究价值。

4.4 机器听觉与人的听觉

人的听觉是由听觉器官在声波的作用下产生的对声音特性的感觉。声波是由于物体的振动引起空气周期性的压缩和稀释而产生的。让机器听懂人类的语音，是人们梦寐以求的事。让机器能拥有听觉，先要让机器能够进行语音识别，语音识别技术就是让机器人能听懂人类的语音，这样机器人就能更好地服务于人类。因此，将语音这个人类最自然的沟通和交换信息的媒介应用到智能机器人控制中，在机器人系统上增加语音接口，用语音代替键盘输入，并进行人机对话，不仅是将语音识别从理论转化为实用的有效证明，同时也是机器人智能化的重要标志之一。

在信息技术高速发展的今天，语音控制机器人将不再是梦想。2008 年 6 月 11 日，新型类人机器人 Reem-B（见图 4-6）在阿联酋展出，“他”身高 1.47m，能灵活抓住物体，能在大楼内避开障碍物自由行动，还能接收语音命令和进行人脸识别，是当时世界上最先进的机器人之一。

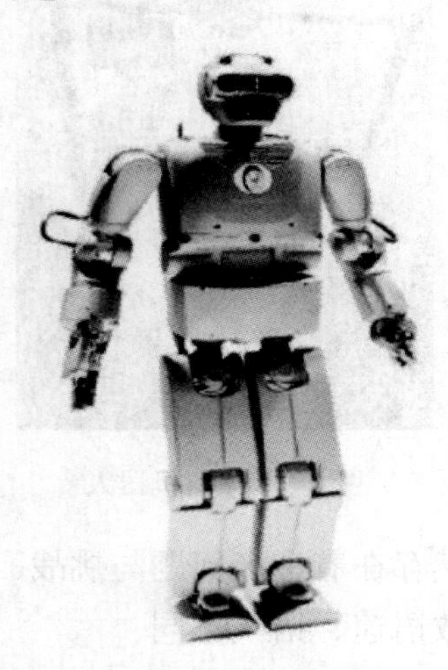

图 4-6　新型类人机器人 Reem-B

那么，先进机器人的听觉是如何产生的呢？要让机器形成类似人类的听觉，不仅需要传感器来接收声音，而且需要研究出既复杂又深奥的算法来帮助它进行听觉学习，这些算法是之前人工智能领域从未涉及的相关算法。外界环境中有许多因素会影响听觉的产生，从而导致同一个物体会发出不同的声音，也导致机器人对物体的识别充满了不确定性。例如，用一根筷子去敲击一张木桌，不同敲击力度会产生不同的声音。再加上环境的细微噪声，会加大机器人通过声音识别物体的难度。

但人工智能的潜力是无限的，机器听觉也取得了不错的进展，美国卡内基梅隆大学机器人研究所的研究人员发现，机器人是可以通过声音来区分物体的，如金属螺丝刀、金属扳手等。为了进行研究，研究人员创建了一个大型数据集，同时记录了 60 个常见物体的视频和音频，如玩具积木块、手动工具、鞋子、苹果和网球等，让它们在托盘上滑动或滚动，并撞到托盘的两侧。此后，他们发布了此听觉数据集，记录并分类了 15000 个交互数据，供其他研究人员使用。研究小组使用实验装置捕捉这些交互，这些装置叫作“倾斜机器人”，如图 4-7 所示。这个附着在 Sawyer 机器人手臂上的方形托盘是构建大型数据集的有效方法之一。他们可以在托盘中放置一个物体，让 Sawyer 花几个小时随机移动托盘，通过摄像机和麦克风记录每个动作。他们还收集了托盘以外的一些数据，使用 Sawyer 将物体推送到表面上。

通过对倾斜机器人收集的数据进行分析，研究人员发现利用这些数据所建立的听觉模型能够较好地对物体进行识别。该模型的提出仿佛让机器人拥有了人类的听觉能力。尽管这项能力还无法比拟人类的听觉，但是如果未来科学家对这方面继续进行深入的研究，那么人类距离打造一个仿人类机器人的目标将会更近一步。

图 4-7　倾斜机器人

目前机器听觉的发展仍然存在着许多问题与挑战，总结有以下三个方面。

（1）说话的场景变化导致语速、语气不同

当明确要测试语音识别时，会下意识采用朗读化语音。在这种情况下，测试者的声音会接近标准，大大降低了识别难度。在一些紧张、紧急情况或日常对话聊天时，因为环境不同，或语速快、口音重、吞字、叠字的现象非常多时，就会大大影响识别率。

（2）噪声和距离是识别“杀手”

也许有人会说自己普通话是一级甲等，吐字清晰精准，为什么语音识别还是有误差呢？这就要看说话时的环境是否嘈杂，以及与话筒的距离。人类在嘈杂的环境中也很难听清声音，更何况是机器人。

（3）人工智能还不够智能

机器不能像人脑一样快速处理与反应。程序能够把一段语音变成文字，但程序并不知道这句话是什么意思，也不知道这句话是否符合语法或逻辑，更不知道这句话是不是一句通顺的人类语言。如何让人工智能更智能？对语音识别来说，让机器“听”到更多的数据，不停地进行自我学习，可以让它越来越聪明。

4.5　声音定位实现鸣笛抓拍

声音定位从字面上解释是根据声音确定位置，具体来说，是利用环境中的声音确定声源方向和距离的行为。人耳实现起来也许不难，但让机器做出判断则需要很多的数据支持，如到达机器的声音的物理特性变化，包括频率、强度和持续时间上的差别等。

声音技术应用广泛，是近年来的研究热点。声音技术最初主要应用在军事、工业及消费领域，在交通领域却很少提及。现在，智能手机普遍使用，声音技术在手机上为人类生活带来了极大的便利。2017年，声音技术的应用延伸到了交通领域，开始用于鸣笛抓拍。鸣笛抓拍本质上是一个声音定位的问题，精准定位鸣笛声音所在方向采用的设备是麦克风阵列，其由多个麦克风组成。多个麦克风组成的阵列可以区分来自四面八方的声音，实现全方位覆盖。就像人的耳朵，能分清声音是从哪个方向传来的。麦克风阵列采用的麦克风越多，分辨率就会越高，就越能精准定位发出声音的位置，这就是声音定位。麦克风阵列定位鸣笛车辆后，传输位置信息至摄像机，由摄像机对违法鸣笛车辆进行抓拍，然后识别车牌号码。图片和视频的证据与执法平台对接，同时推送到移动执法App终端（手机或平板电脑）进行查看，用于现场执法（见图4-8）。整个系统由麦克风阵列、摄像机、执法平台、后端管理平台组成。

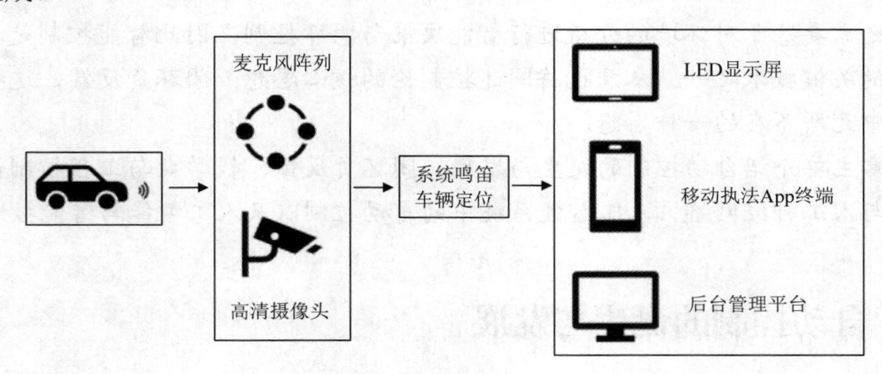

图4-8 鸣笛抓拍示意图

鸣笛抓拍系统可生成符合GAT 832—2014《道路交通安全违法行为图像取证技术规范》要求的处罚依据图片，快速识别并生成2s抓拍视频。鸣笛抓拍系统生成的实时视频能够完全呈现车辆鸣笛前后2s的过程，可以用于人工复核。鸣笛抓拍系统主要安装在医院、景区、商圈、学校等重点禁鸣区域。

语音识别技术得益于深度学习与人工神经网络的发展，取得了一系列突破性的进展，在产品应用上也越来越成熟，比如2016年，百度的Deep Speech 2的短语识别的词错率降到了3.7%，这意味着转录语音的能力超越了人类，能够比普通话母语者更精确地转录较短的查询。虽然目前语音识别系统还无法像人脑一样基于经验进行有效快速的判断和处理，但相信随着科学技术的发展和各国研究人员的不懈努力，语音识别技术会向人们期待的方向快速发展。

第5章 人工智能与智能控制

第4章阐述了什么是语音识别以及机器听觉与人类听觉的关系，本章重点关注人工智能与智能控制。一方面，人工智能是智能控制的基础和重要组成部分，智能控制是人工智能与自动控制结合的产物。另一方面，任何智能系统除了感知外界环境外，还需要基于对环境的分析进行智能决策与闭环控制，因此智能控制是人工智能系统的关键技术之一。本章也将阐述控制论的核心思想：闭环负反馈，这也是社会生活中无所不在的一种思想。

本章主要介绍自动控制的诞生与发展、闭环负反馈、钱学森与工程控制论、认知控制与人工神经网络、人工智能系统中的自动控制以及人工智能与智能控制。

5.1 自动控制的诞生与发展

介绍自动控制之前，先来了解什么是自动化。自动化是指机器或者装置在无人干预的情况下按规定的程序或指令自动地进行操作或者运行。自动化与自动控制既有联系，也有一定的区别：自动控制是关于受控系统的分析、设计和运行的理论与技术，是自动化的核心问题。

中国古代的能工巧匠发明出许多原始的自动装置，以满足生产、生活和作战的需要，其中比较著名的有指南车、铜壶滴漏、记里鼓车、地动仪等。

一直到20世纪四五十年代，控制论的思想才逐步形成。其创始人美国应用数学家维纳（见图5-1）1894年出生自书香门第，从小便智力超常，18岁获得哈佛大学博士学位，35岁被提升为副教授，38岁晋升为教授，54岁发表划时代著作《控制论》，被称为“控制论之父”。其著作《控制论》的发表，标志着控制论的诞生，并被称为20世纪最伟大的科学成就之一。可以说，控制论的思想和方法已经渗透到几乎所有的自然科学和社会科学领域。维纳把控制论看作是一门研究机器、生命、社会中控制和通信的一般规律的科学，更具体地说，是研究动态系统在变化的环境条件下如何保持平衡状态或稳定状态的科学。

图 5-1 诺伯特·维纳

一般将自动控制分为三个阶段：经典控制论阶段、现代控制论阶段和智能控制理论阶段。

1. 经典控制论阶段

经典控制论阶段大概在 20 世纪 50 年代末之前，主要成果为 PID（proportional integral derivative，比例、积分和微分）控制规律的产生，经典控制论的特点在于控制对象为单输入—单输出线性定常系统。经典控制论的主要控制思路是基于“反馈”和“前馈”控制思想，运用频率特性分析等方法，解决稳定性问题。经典控制论主要发展脉络如图 5-2 所示。

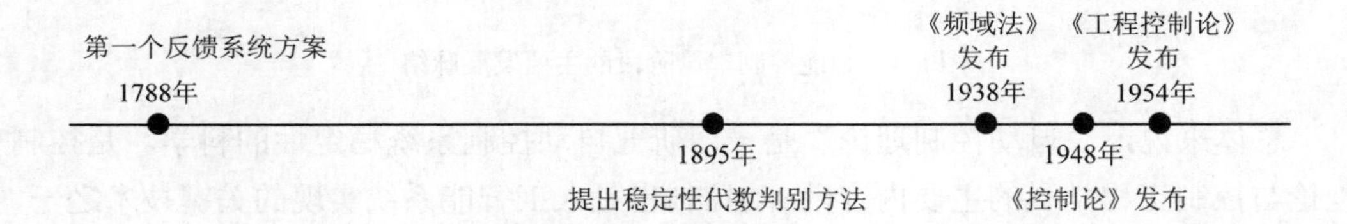

图 5-2 经典控制论主要发展脉络

2. 现代控制论阶段

现代控制论阶段为 20 世纪 50 年代末期至 70 年代初期，主要成果是促进了非线性控制、预测控制等分支学科的发展。现代控制论的特点在于对于多输入—多输出，非线性、时变、离散系统的控制问题都可以解决。现代控制论的主要控制思路是基于时域内的状态方程与输出方程对系统内的状态变量进行实时控制，运用极点配置等方法，解决最优化控制等问题。现代控制论主要发展脉络如图 5-3 所示。

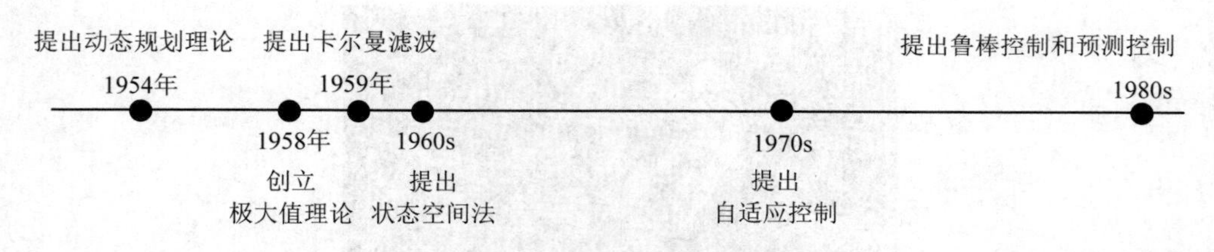

图 5-3 现代控制论主要发展脉络

3. 智能控制理论阶段

智能控制理论于 20 世纪 60 年代末期提出，主要成果是将人工智能与控制理论结合，提出了专家系统、模糊控制、神经网络控制等方法。智能控制理论的特点在于拟人智能化的运作模式，结合"优胜劣汰"的进化机制，对多目标进行优化，同时对复杂环境具有较好的学习功能。智能控制理论阶段的主要控制思路是研究与模拟人类智能活动及其控制与信息传递过程的规律，从而达到控制对象的目的。智能控制理论阶段的主要发展脉络如图 5-4 所示。

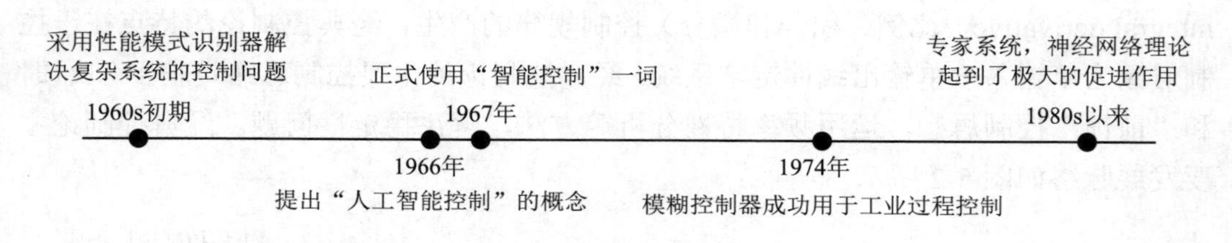

图 5-4 智能控制理论阶段的主要发展脉络

总体来说，"自动控制理论"是一门研究自动控制系统稳定性的科学，是控制理论与控制工程学科的主要内容。自动控制也是人工智能系统实现的关键技术之一，如机器人、无人机、智能汽车等系统均需要进行自动控制和智能决策。

5.2 闭环负反馈

5.2.1 从孟母三迁看闭环负反馈

介绍闭环负反馈前，先来看一段孟母三迁的故事。孟子小时候住在墓地旁边，孟子就和邻居的小孩一起学着大人跪拜、号哭的样子，玩办理丧事的游戏。孟子的母亲看到了，就皱起眉头道："不行，我不能让我的孩子住在这里了。"于是，孟子的母亲带着孟子搬到市集旁边去住。到了市集，孟子又和邻居的小孩学起商人做生意的样子，孟子一会儿鞠躬欢迎客人，一会儿招待客人，一会儿和客人讨价还价，表演得像极了。孟子的母亲知道了，又皱着眉头自言自语道："这个地方也不适合孩子居住。"于是，他们又搬家了。这一次，他们搬到了学校附近。孟子开始变得守秩序、懂礼貌、喜欢读书。这个时候，孟子的母亲很满意地点着头说："这才是我儿子应该住的地方呀！"

孟母三迁的过程如图 5-5 所示，把孟母所要求所期望的孟子模式作为输入，实际孟子模式作为输出，那么孟母搬迁以及居住环境都对孟子最终的模式产生影响。如果整个过程始终随着时间前进而前进，也就是说孟母搬家后没有对孟子的表现进行观察，那么用控制论的说法，它就是一个"开环的系统"，如图 5-5（a）所示。很显然，故事不是这么发展的，而是每次搬家后，孟母都根据孟子的表现来确定要不要在这里定居。也就是说，把结果与期望值进行比较，根据二者之间的偏差进行及时调整，从控制论的角度，这就形成了闭环，如图 5-5（b）所示。

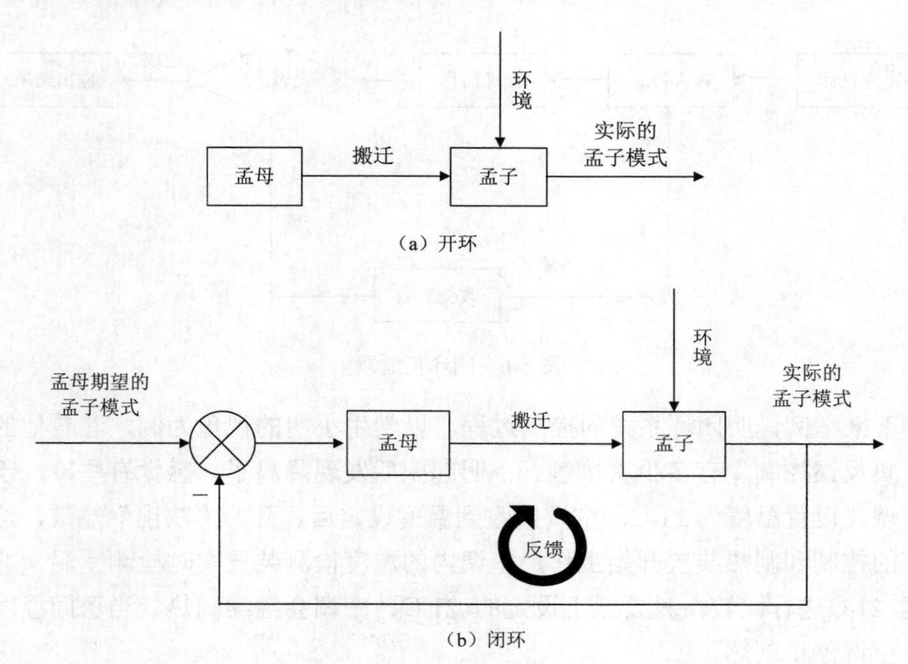

图 5-5　孟母三迁反馈图

把输出送回到输入端，并与输入进行比较，称之为反馈。二者相加称为正反馈，相减称为负反馈。正反馈总是起放大作用，它使得给定信息与真实信息的差异加剧，即偏离目标的活动都存在正反馈，比如"恶性循环"，就是由于正反馈的作用。负反馈的反馈信息与控制信息的作用方向相反，因而可以起到纠正作用。

5.2.2 闭环负反馈：无处不在的控制思想

5.2.1 节由孟母三迁的故事简单阐述了闭环负反馈的思想，本节进一步介绍闭环负反馈的特点和作用。通常用方框图的形式来表示闭环负反馈（见图 5-6），首先设定目标，然后在系统中输入信息并进行处理，判断处理的信息是否达成设定目标，若达成则输出结果；若未达成，则根据结果与设定目标之间的差距来修改参数，形成闭环。重复以上过程直至达到设定目标为止。整个过程中，系统需要做到：一旦出现结果与目标之间有偏差，系统便自动开始进行减少偏差的调节；减少偏差的调节要一次又一次地发挥作用，使得对目标的逼近能积累起来。闭环负反馈的作用是能让系统稳定在给定值或与给定值偏差小，适合绝大多数自动控制系统。自动控制的目的就是要充分发挥反馈的作用，排除难以预料或不确定的因素，使校正更准确、更有力。

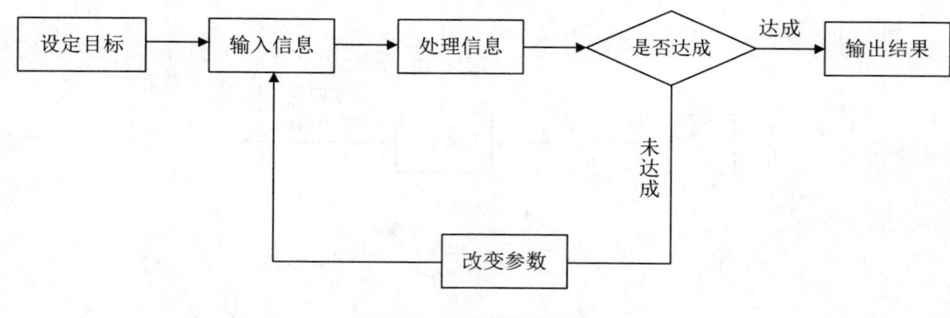

图 5-6　闭环负反馈

接下来举例说明闭环系统的控制过程。以学生小明的视角为例，看看他的一天会与“负反馈控制”有多少次接触。小明起床后发现降温了，感觉有些冷，于是他打开空调，设置温度为 21℃。空调接收到温度设定后，开始“吹出”热气，这是空调内部的控制和制热装置开始工作，空调内的温度检测装置实时检测室温，并与设定温度 21℃进行比较，只要低于设定的 21℃，空调会继续制热。当房间温度达到 21℃，空调停止制热。

从控制论的角度来分析这个温度控制系统。在这里，空调的制热系统形成了一个闭环负反馈。空调房间可看作控制对象，房间温度可看作被控变量。控制装置采用的控制算法称为控制规律，如传统的 PID 控制、智能算法里的模糊控制等。控制装置采用合适的控制规律计算控制量的大小，比如如果与设定的数值偏差较大，控制装置就会输出一个比较大的控制量，目的是使被控变量维持在设定值，起到纠正的作用，如图 5-7 所示。

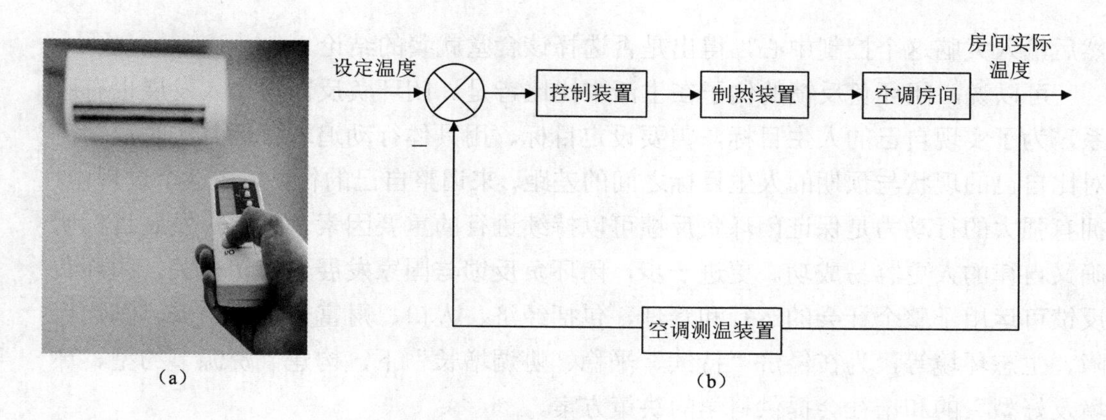

（a） （b）

图 5-7 温度控制系统

小明早早地来到了教室里，第一堂课讲知识产权。法律法规约束公民的行为也可以看作闭环负反馈。国家相关部门制定法律法规规定公民的行为规范，各级法律执行机构遵照执行，并相应地会影响公民的行为。如果公民行为与法律法规规定的行为规范比较，偏差是负的，可看作在法律法规范围内，法律保护公民的权益；如果公民行为与法律法规规定的行为规范比较，偏差是正的，可看作超出了法律法规，就要受到对应的惩处。由此可以规范公民的行为，保护公民的权益，如图 5-8 所示。

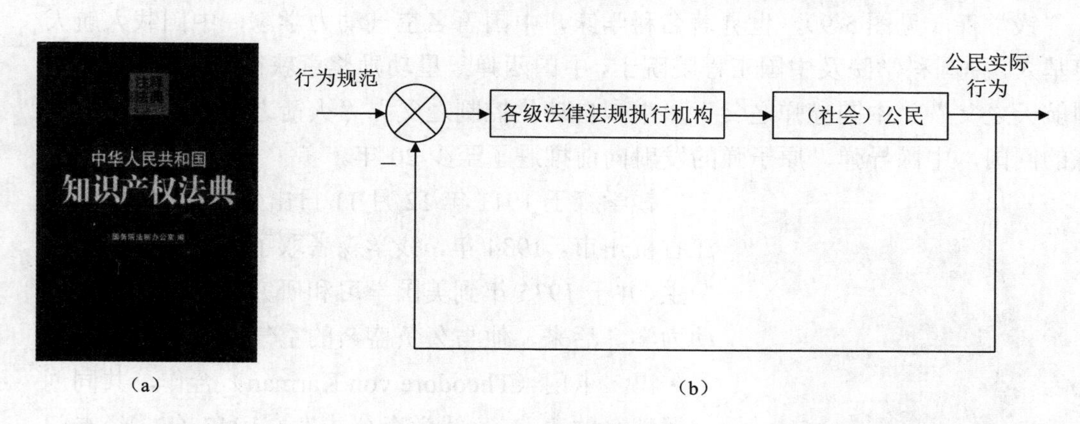

（a） （b）

图 5-8 法律与法规控制

小明放学后去打篮球。投篮时，眼睛、大脑、四肢配合找到最佳的投篮动作，而且每次投篮都会根据上次投篮的误差进行修正以保证投球的准确度。小明打完球后去洗手，首先在大脑中对水流有一个期望的流量，水龙头打开后，用眼睛观察，将现有的流量与期望流量进行比较，并不断地用手进行调节形成一个闭环负反馈控制。

小明走路去食堂吃饭。走路时，用脚进行力感知进而调整落脚位置，保证行走安全。选择食堂时，眼睛接收人的数量和饭菜信息，并与自己的心理预期进行对比，然后输入大脑这个控制中心，得出是否选择该食堂就餐的结论。

可以说，闭环负反馈的例子在生活中比比皆是。闭环负反馈与个人发展也有联系，为了实现自己的人生目标，需要设定目标、用具体行动追求目标并实时反馈，对比自己的现状与预期的人生目标之间的差距，来调整自己的行动。在这个过程中，拥有强大的行动力是保证闭环负反馈可以持续进行的重要因素。因此，发展目标明确又自律的人更容易成功。更进一步，闭环负反馈与国家发展也密切相关。闭环负反馈可运用于整个社会的运行和管理，包括经济、人口、财富分配、治安、医疗保障、生态环境等，为在经济“持续、平稳、协调增长”下，构建“资源节约型、环境友好型”的和谐社会提供科学的决策方案。

5.3 钱学森与工程控制论

5.3.1 “两弹元勋”钱学森

钱学森（见图 5-9），世界著名科学家，中国著名空气动力学家，中国载人航天奠基人，中国科学院及中国工程院院士，中国两弹一星功勋奖章获得者，被誉为“中国航天之父”“中国导弹之父”“中国自动化控制之父”“火箭之王”。由于钱学森的回国，中国导弹、原子弹的发射向前推进了至少 20 年。

图 5-9 钱学森

钱学森于 1911 年 12 月 11 日出生于上海，祖籍浙江省杭州市。1934 年，钱学森考取了清华大学留美公费生，并于 1935 年到美国学习和研究航空工程和空气动力学。后来，他与久负盛名的空气动力学教授西奥多·冯·卡门（Theodore von Kármán）合作，共同创立了著名的“卡门-钱学森公式”。1947 年，经卡门教授推荐，36 岁的钱学森成为美国麻省理工学院最年轻的终身教授。

在赴美留学之前，钱学森就立下学成必归、报效祖国的誓言。1949 年，当第一面五星红旗飘扬在天安门广场上空时，钱学森激动不已，恨不得插上翅膀飞回祖国，去参加祖国的建设。1955 年，钱学森历尽艰辛，排除万难，偕夫人及两个幼子乘坐邮轮，从洛杉矶启程回到祖国的怀抱，毅然肩负起中国航天事业领导者、规划者、实施者的多重使命，推动了中国导弹从无到有、从弱到强的关键飞跃。1960

年至1964年，钱学森指导设计了我国第一枚成功发射的液体探空火箭，组织了我国第一枚近程地地导弹发射试验和第一枚改进后中近程地地导弹飞行试验。1966年，钱学森作为技术总负责，组织实施了我国第一次“两弹结合”试验。1970年，钱学森牵头组织实施了我国第一颗人造地球卫星发射任务，打开了中国人的宇航时代。1980年到1984年，钱学森参与组织领导了我国洲际导弹第一次全程飞行、第一次潜水艇水下发射导弹，实现了我国国防尖端技术前所未有的重大新突破。

5.3.2　工程控制论

1950年，朝鲜战争拉开帷幕后，美国剥夺了钱学森参加机密研究的工作权利，并开始了长达五年的软禁。为了使美国政府放心，钱学森决定在软禁期间从事远离军事和国防相关的科学研究。作为世界级的导弹和火箭专家，钱学森对控制问题以及控制系统问题自然是非常熟悉的。那时，维纳的《控制论》刚刚出版，控制论作为一门新的学科刚刚诞生。钱学森转向了《控制论》的研究，将维纳《控制论》的思想引入自己熟悉的航空航天系统的导航与制导系统，开创性地提出了一门新的技术科学——工程控制论。

钱学森意识到，在整个工程技术范围内，几乎到处存在着被控制的系统。基于此，钱学森于1954年出版 *Engineering Cybernetic*（中文版《工程控制论》见图5-10），此书的出版，在国际学术界引起了强烈反响，立即被译成多种文字出版发行。工程控制论所体现的科学思想、理论方法与应用，深刻地影响着系统科学与系统工程、控制科学与工程以及管理科学与工程等的发展。

图5-10　《工程控制论》（中文版）

5.4 认知控制与人工神经网络

5.4.1 认知控制

梅西基金会经常赞助一些跨学科会议，这些会议集中了工程师、数学家、神经生理学家以及其他许多领域的专家。其中有一个主要人物——美国神经生理学家沃伦·麦卡洛克（Warren McCulloch）（见图 5-11），他是扩大控制论范畴的一位重要人物。麦卡洛克将神经生理学、数学以及物理的知识相结合，来解释非常复杂的系统，比如大脑。麦卡洛克根据自己对物理学与哲学交集的研究建立了一个新的领域——实验认识论，用神经生理学来研究知识，目的是要解释神经网络的活动是怎样产生感觉与想法的。

图 5-11 沃伦·麦卡洛克（Warren McCulloch）

5.4.2 人工神经网络

介绍人工神经元之前，先来了解生物神经元的结构（见图 5-12）。神经元，即神经细胞，具有联络和整合输入信息并输出信息的作用，在神经元中，突起有树突和轴突两种。树突的作用是接收其他神经元轴突传来的冲动并传给细胞体，可与其他神经元末梢形成突触。轴突的作用是接受外来刺激，再由细胞体传出冲动。因此树突和突触是神经元之间在功能上发生联系的部位，也是信息传递的关键部位。大脑可视作由 1000 多亿神经元组成的神经网络。神经细胞的状态取决于从其他的神经细胞收到的输入信号量以及突触的强度，即抑制或加强。当信号量总和超过了它的阈值时，细胞体就会被激活，产生电脉冲。电脉冲沿着轴突并通过突触传递到其他神经元。基于此，可以抽象出人工神经元。

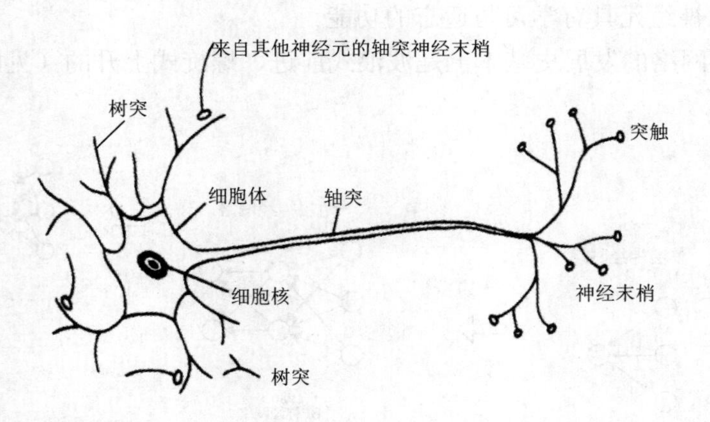

图 5-12　生物神经元

最早的人工神经元模型是麦卡洛克与美国数学家沃尔特·皮茨（Walter Pitts）于 1943 年提出的 M-P 神经元模型（见图 5-13）。它有三层结构，x_n 为输入，w_{ni} 为每个输入对应的权值，中间的圆圈为内核，θ 为激活神经元的阈值，Σ 为加和运算。它可以完成“与”“或”“非”等基本逻辑运算，是目前许多神经元模型的基础。

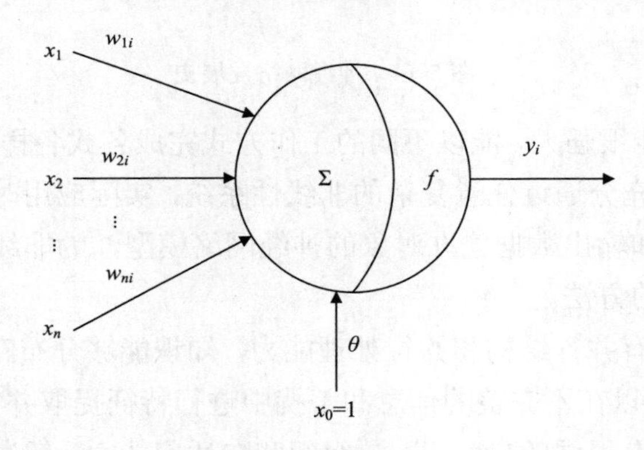

图 5-13　M-P 神经元模型

整个过程就是其他神经元的输出（轴突），x_1～x_n 作为该神经元的输入，通过突触也就是权值 w_{ni} 对输入进行抑制或加强，然后求和运算，当信号量总和超过了某个阈值 θ 时，细胞体产生电脉冲，即输出 y_i。用数学式表示，就是激活函数 f 模拟细胞体，f 不同，代表的神经网络类型也不同。权重 w_{ni} 就是模拟突触，θ 就是模拟细胞激活阈值。

神经元的功能：一是兴奋与抑制。当传入神经元冲动，经整合使细胞膜电位升高，超过动作电位的阈值时，为兴奋状态，产生神经冲动，由轴突经神经末梢传出。

当传入神经元的冲动，经整合使细胞膜电位降低，低于阈值时，为抑制状态，不产生神经冲动。二是学习与遗忘。由于神经元结构的可塑性，突触的传递作用可增强或减弱，因此神经元具有学习与遗忘的功能。

人工神经网络的发展史基本上是波浪式前进、螺旋式上升的（见图 5-14）。

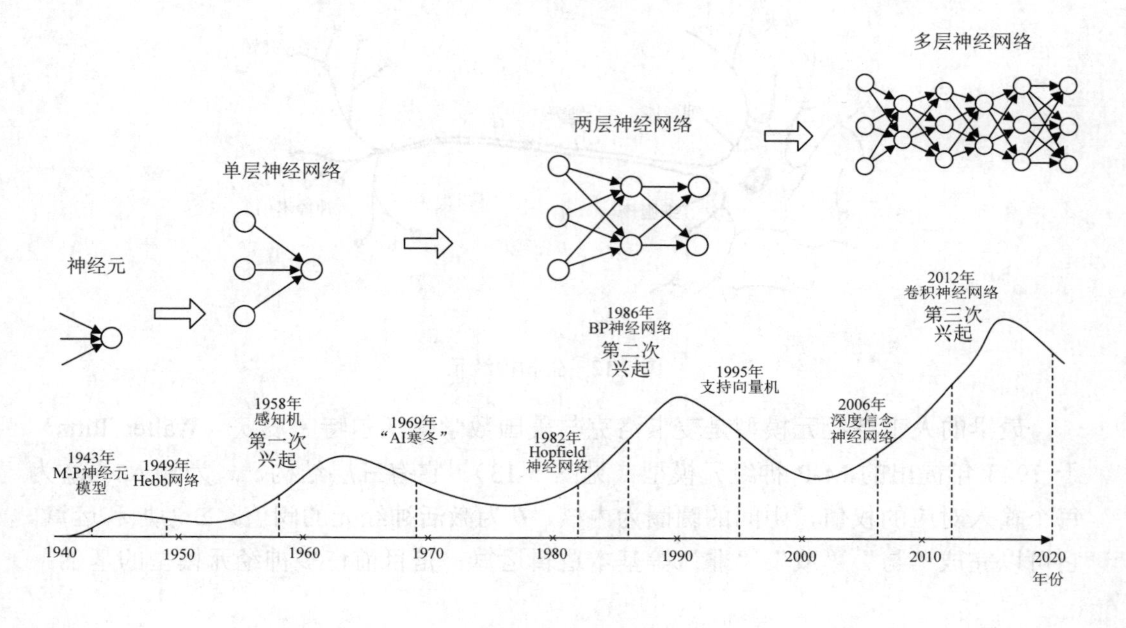

图 5-14 神经网络发展史

神经网络的功能很强大，能以不同的工作方式完成各式各样的任务，主要如下。

1）神经网络能充分逼近任意复杂的非线性系统，实际应用时可以把对象看作一个黑箱，通过输入和输出数据建立对象的神经网络模型，为非线性系统的辨识提供了一种简单而有效的方法。

2）神经网络具有并行结构和并行处理能力，知识能够分布存储，具有良好的容错性和联想能力，可以在不完整的信息和干扰中进行特征提取并复原成完整的信息。

3）神经网络具有很强的自学习、自组织和自适应能力，解决识别与分类问题和优化问题可以取得令人满意的效果，尤其是非线性复杂问题。

4）神经网络在知识获取、知识表示和知识推理中表现优异。

由于神经网络具有非线性、并行处理、容错性和联想能力、自学习和自适应能力等特点，使得神经网络得到了广泛的应用，目前的应用领域有且不局限于以下几个。例如，信息处理领域，包括信号处理、模式识别、数据压缩等；自动化领域，包括系统辨识、神经控制器、智能检测等；工程领域，包括汽车工程、军事工程、化学工程、水利工程等；经济领域，包括经济走势预测、经济发展评价和辅助决策等；医学领域，包括检测数据分析、生物活性研究、医学专家系统等。

5.5　人工智能系统中的自动控制

5.5.1　机器人系统中的自动控制

英语中“机器人”（robot）一词来自捷克语单词“robota”，通常译作“强制劳动者”。机器人大多用来从事繁重的重复性制造工作。它们负责那些对人类来说非常困难、危险或枯燥的任务。机器人的工作原理是一个复杂的问题，可以概括为模仿人或动物的各种肢体动作、思维方式和控制决策能力。

从控制的角度，机器人可以通过以下四种方式来实现其特定的功能。

1. 示教再现方式

机器人通过“示教盒”或“手把手”的方式学会动作，控制器将示教过程记忆下来，然后机器人按照记忆周而复始地重复示教动作，如喷涂机器人。

2. 可编程控制方式

工作人员事先根据机器人的工作任务和运动轨迹编制控制程序，然后将控制程序输入机器人的控制器。当启动控制程序时，机器人就按照控制程序所规定的动作一步一步地去完成。如果任务变更，只需修改或重新编写控制程序，非常灵活方便。大多数工业机器人都是按照“示教再现”和“可编程控制”方式工作的。

3. 遥控方式

用有线或无线遥控器控制机器人在人类难以到达或危险的场所完成某项任务，如防爆排险机器人、军用机器人等。

4. 自主控制方式

自主控制方式是机器人控制中最高级、最复杂的控制方式，它要求机器人在复杂的非结构化环境中具有识别环境和自主决策能力，也就是要具有人的某些智能行为。

机器人的整个控制流程如图 5-15 所示。

实现自主控制必须有先进的控制策略，机器人的先进控制策略有以下几种。

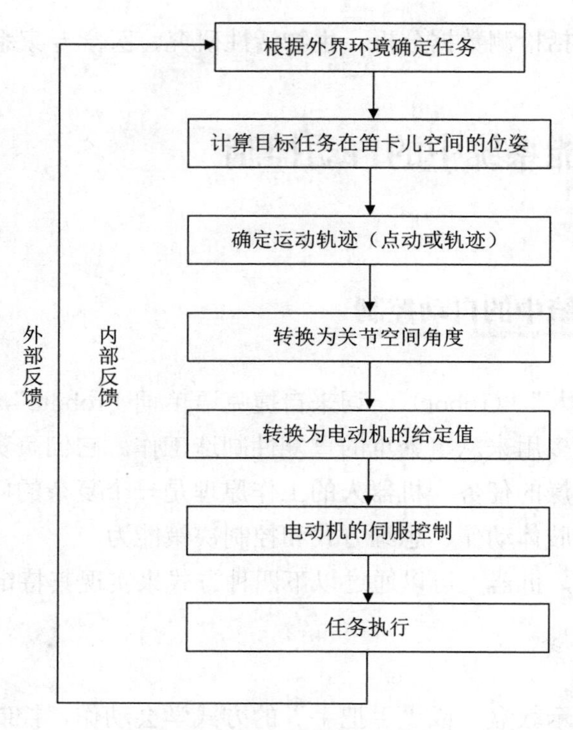

图 5-15 机器人控制流程示意图

1）迭代学习控制：也叫记忆修正控制，记忆前一次的运动误差，改进后一次的控制量，适用于重复操作的场合。

2）听觉控制：机器人可以根据人的口头命令做出回答或执行任务，这是利用了语音识别系统。

3）视觉控制：机器人可以判别物体形状和物体之间的关系，也可以测量距离、选择运动路径，这是利用视觉识别系统。

4）递阶控制：分为组织级、协调级、执行级，最底层是各关节的伺服系统，最高层是管理计算机，大系统控制理论可以用在机器人系统中。

5）模糊控制：是借助熟练操作者的经验，通过“语言变量”表述和模糊推理来实现的无模型控制。

6）人工神经网络控制：是由神经网络组成的控制系统结构。

7）鲁棒控制：其基本特征是用一个结构和参数都是固定不变的控制器，即使在不确定性对系统的性能影响最恶劣的情况下也能满足设计要求。

5.5.2 无人机系统中的自动控制

无人机指的是不载有操作人员、利用空气动力起飞、可以自主飞行或遥控驾驶、可以一次使用也可以回收使用的、携有致命或非致命有效载荷的飞行器。与常规飞行控制系统相比，无人机飞行控制系统（以下简称飞控系统）不仅要求各部件体积小、重量轻、功耗低、集成度高，而且要能在无人参与的情况下保持飞行器的姿态、速度和稳定性。因此，无人机对数据通信实时性、飞控系统的动态特性和鲁棒性具有较高要求。一般将无人机的飞行姿态控制与导航控制分开，以降低导航系统的复杂度，提高飞行控制的可靠性。

例如，旋翼无人机指的是具有旋翼轴的无人驾驶飞行器，通常为六旋翼无人机（见图5-16）。旋翼无人机的基本控制功能有：空中悬停、定位功能；预设航线飞行、地面站飞行功能；遥控飞行和不同模式的自主切换功能；远程数据传输及飞行状态监测功能；视觉识别和无人机伺服功能；系统故障预警功能等。

图5-16 六旋翼无人机

飞控系统是无人机的关键核心系统之一，按具体功能可划分为导航子系统和飞控子系统两部分。

导航子系统：向无人机提供相对于所选定的参考坐标系的位置、速度、飞行姿态，引导无人机沿指定航线安全、准时、准确地飞行。

飞控子系统：是无人机完成起飞、空中飞行、执行任务、返厂回收等整个飞行过程的核心系统，对无人机实现全权控制与管理。因此，飞控子系统对于无人机来说相当于驾驶员，是无人机执行任务时的关键。

无人机飞控系统由三个闭环回路组成（见图5-17），分别是姿态控制回路、速度控制回路和位置控制回路。

PID 控制器算法是无人机飞控系统中经典算法之一。PID 控制器是一种线性控制器，它主要根据给定值和实际输出值构成控制偏差，然后利用偏差给出合理的控制量。目前主流的几款开源飞控系统中，无一例外地采用 PID 控制器算法来实现无人机的姿态和轨迹控制。PID 中的 P 是比例的意思，I 是积分的意思，D 是微分的意思。P 使得控制器的输入、输出成比例关系；I 能对误差进行记忆，主要用于消除静差，提高系统的无差度；D 能反映偏差信号的变化趋势（变化速率），并能在偏差信号值变得太大之前，在系统中引入一个有效的早期修正信号，从而加快系统的动作速度，减小调节时间。

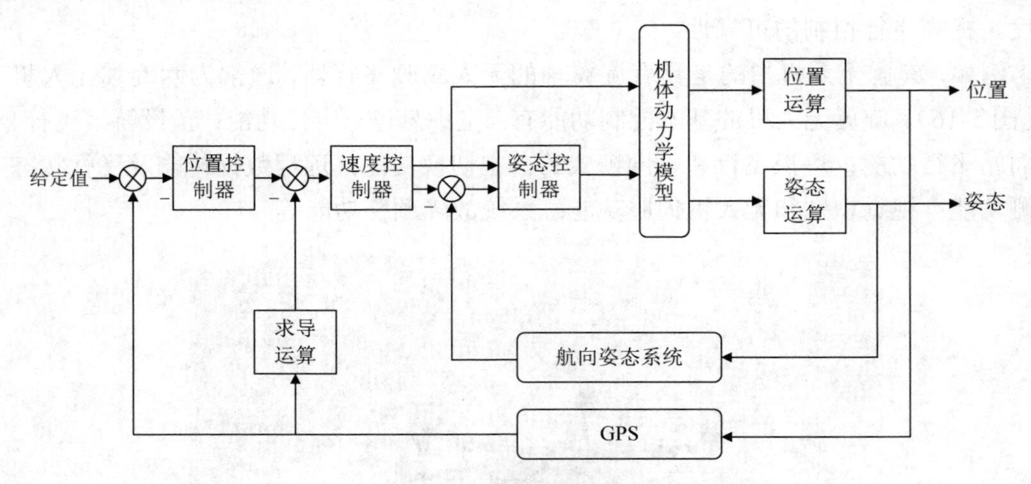

图 5-17 无人机飞控系统的闭环回路

以多旋翼无人机为例，直接用信号驱动电动机带动螺旋桨旋转产生控制力，会出现动态响应太快，或者太慢，或者控制过冲或不足的现象，多旋翼无人机根本无法顺利完成起飞和悬停动作。为了解决这些问题，就需要在飞控系统回路中加入 PID 控制器算法。在姿态信息和螺旋桨转速之间建立比例、积分和微分的关系，通过调节各个环节的参数大小，使多旋翼无人机飞控系统控制达到动态响应迅速，既不过冲也不欠缺的目的。

5.5.3 无人驾驶汽车中的自动控制

无人驾驶系统是自动控制学科与人工智能学科交叉融合的一个前沿领域。如何使控制工程学与人工智能协调运行呢？大致可以分成三个层面：底层控制系统、中层控制系统和上层控制系统。

底层控制系统涉及汽车底层机械元件的操控行为，或硬件反馈控制系统，比如刹车、加速和汽车转向等。其核心任务是保证各项硬件系统稳定地运行在最佳设定值上（即中层控制系统规划确定好的路径），并保证各项子系统运行在最优的区间范围，同时规避可能存在的风险。当然，这背后依赖的是庞大的传感器数据、算力和反馈控制系统。例如：当车速过低时，增加汽油注入来提高车速；当车速过快时，减少汽油注入，将实际车速降至预定安全值。简单来说，就像一套自动稳定器。随着传感器感知到的数据量越来越大，机器学习技术将会发挥更大的作用。

从自动控制角度来说，参考轨迹来自规划模块，在每个轨迹点，规划模块指定一个位置和参考速度。在每个采样周期，我们都需要对轨迹进行更新，同时还要了解车辆状态，包括通过本地模块计算出的车辆位置、从车辆内部传感器获取的数据（如速度、转向和加速度）。基于这两个输入，产生目标轨迹与实际行进轨迹之间的偏差，即控制偏差，送往控制器。

以百度Apollo Robotaxi为例，有三种可用于实现这些控制目标的策略：比例积分微分（PID）控制器、线性二次调节器（linear quadratic regulator，LQR）、模型预测控制器（model predictive controller，MPC）。MPC是一种更复杂、相对“智能”的控制器，可以归结为三个步骤（见图5-18）：建立车辆模型；使用优化引擎计算有限时间范围内（即“滚动时域”）的控制输入；执行控制输入。由于MPC是基于预测模型的，可以利用滚动时域内对汽车未来的若干采样周期的状态预测值，对控制输出进行滑动窗口优化（也称为“滚动优化”），因此相对于PID和LQR具有更好的鲁棒性和稳定性。

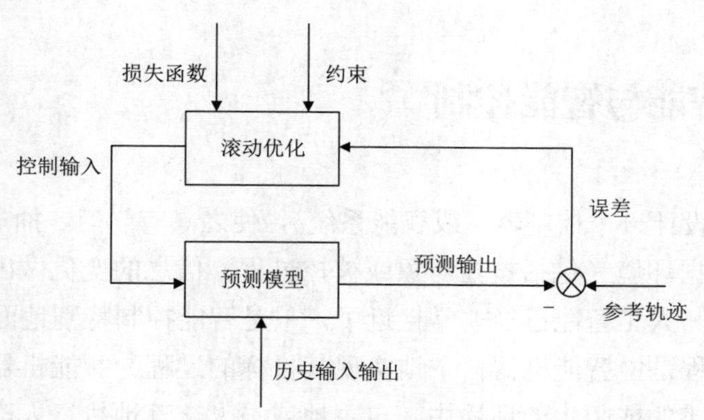

图5-18 无人驾驶汽车底层控制中模型预测控制器的基本结构

中层控制系统要依靠强大的算法和算力来支撑其运行，大致包括四个模块：一是针对汽车行进环境进行三维数字建模并进行即时、持续更新的软件工具，即“占据栅格”；二是采用深度学习软件来标记和识别汽车传感器获得的原始数据，并借助算法通过数据分析对汽车周边的物体进行识别分类；三是使用“不确定性锥”替代汽车环境物体，并进行动作预测；四是局部路径规划，负责引导汽车进行障碍躲避，并保证汽车始终处于交通规则的范围内执行行驶动作。

“占据栅格”是一个三维空间模型，其中填充着两种数据：一种是静态的高清地图；一种是汽车传感器即时感知到的环境数据。环境数据通过第二个模块的深度学习软件进行物体识别和类别标记。此时，高清地图数据将为“占据栅格”的三维数字空间填充道路图像，并根据汽车行驶路径，进行持续变换。同时，根据传感器的探测数据在三维数字空间对汽车周边环境进行实时更新，从而产生了一个模拟现实的空间环境。

但是，仅仅如此还是远远不够的，因为系统仅仅能够知道“汽车处于地图的什么位置”“哪些地方分布着哪些物体”，而汽车要想安全行驶，还需要知道“这些物体即将要行驶的轨迹”和“如何规划路径避开这些移动或静止的物体”，以达到安全行驶的目标。

此时，具备物体轨迹预测能力的“不确定性锥”就登场了——它可以预测汽车附近物体（第二模块中深度学习识别标记的物体）的位置、可能的轨迹方向和移动速度。它为无人驾驶系统提供了一定的场景理解能力，可以像人一样在瞬间完成对周边环境的感知以及预测判断，为第四模块的行车路径规划提供了有力的决策依据。

上层控制系统负责汽车整个行驶过程中的全局路径规划和导航定位工作。导航定位依赖于北斗、GPS 以及自身装载的 IMU、视觉传感器等；而全局路径规划依赖于“搜索算法”，比如传统的 A*算法，其目标是在众多从起点到终点的行驶路径中寻找出一条最佳行驶方案。

5.6 人工智能与智能控制

智能控制是设计一个控制器（或智能系统），使之具有学习、抽象、推理、决策等功能，并能根据环境（包括被控对象或被控过程）信息的变化做出适应性反应。这里的几个功能与人工智能已经非常接近了，只是智能控制特别地面向控制系统。

智能控制过程是由智能机器自主地实现其目标的过程。智能机器是在结构化或非结构化的、熟悉的或陌生的环境中，自主地或与人交互地执行人类规定的各种任务的一种机器，如图 5-19 和图 5-20 所示。

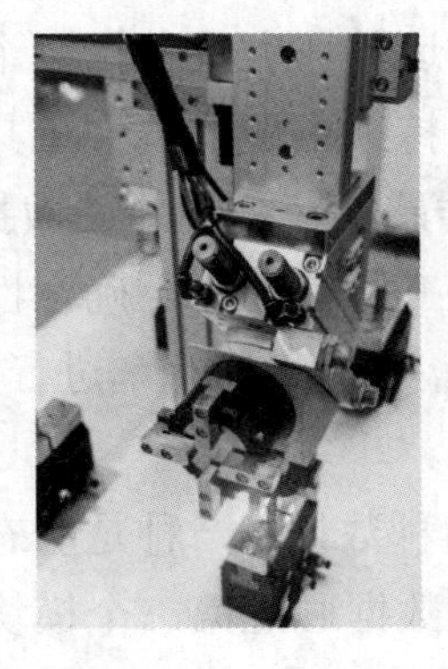

图 5-19 智能生产机械手

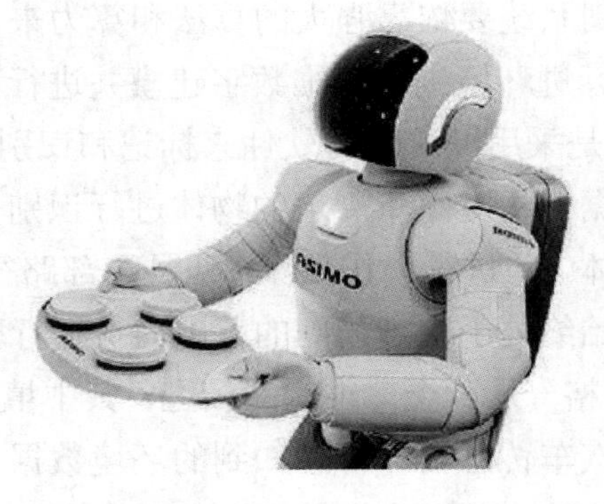

图 5-20 智能服务机器人

智能控制是一门交叉学科，著名美籍华人傅京孙教授 1971 年首先提出智能控制是人工智能与自动控制的交叉，即二元论：IC=AC∩AI。1977 年，美国学者乔治·萨里迪斯（George Saridis）引入运筹学，提出了三元论构成，即 IC=AC∩AI∩OR。三元论可以进一步具体表述为人工智能、运筹学和控制之间相互提供信息、相互支持、相互交融，如图 5-21 所示。

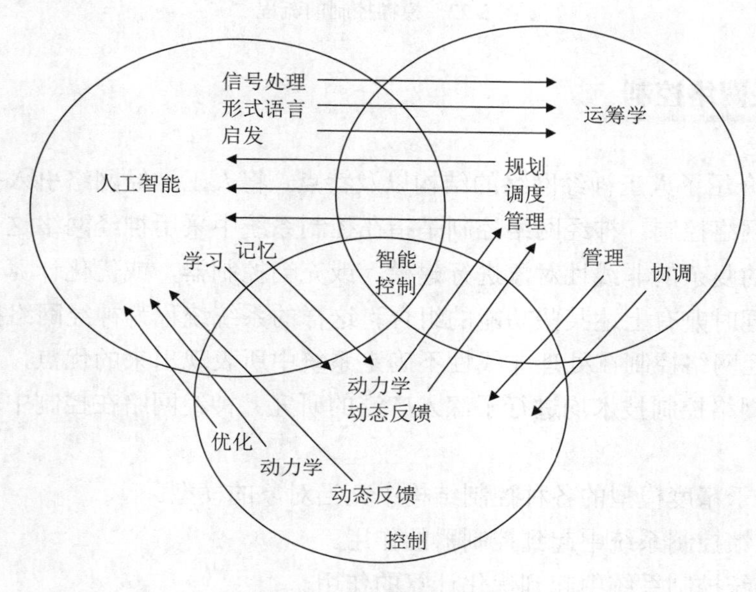

图 5-21　智能控制三元论

智能控制有几个重要的分支，包括模糊控制、神经网络控制、专家控制、智能优化算法以及各种方法的综合集成。

5.6.1　模糊控制

在实践工程中，人们发现，一个复杂的控制系统可由一个操作人员凭借丰富的实践得到满意的控制效果。这说明，如果通过模拟人脑的思维方式设计控制器，可实现复杂系统的控制，由此产生了模糊控制。1975 年，美国加州大学扎德提出模糊集合理论，奠定了模糊控制的基础。模糊控制的流程（见图 5-22）：首先将控制器的输入误差进行模糊化，然后根据模糊控制工程库进行模糊推理，再进行反模糊化，最后得到精准的控制量，将控制量送往执行器，从而使得被控制量能稳定在某个值或在某个范围内波动。

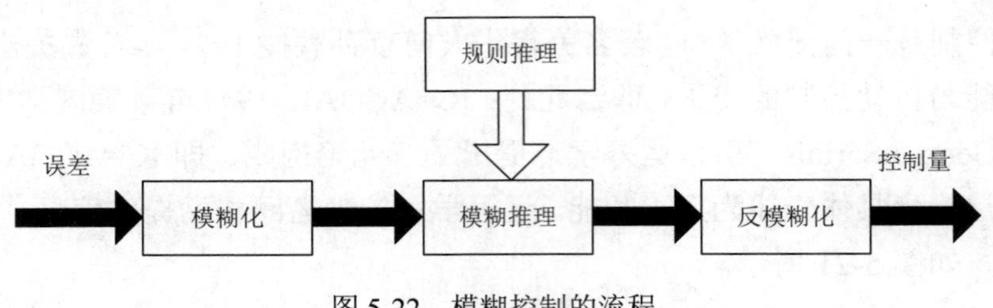

图 5-22　模糊控制的流程

5.6.2　神经网络控制

5.4.2 节介绍了人工神经网络的结构以及特点，将人工神经网络引入控制领域就形成了神经网络控制。神经网络控制是指在控制系统中采用神经网络这一工具对难以精确描述的复杂的非线性对象进行建模，或充当控制器，或优化计算，或进行推理等，亦即同时兼有上述某些功能的组合。这样的系统统称为神经网络控制系统。

由于神经网络控制在处理非线性不确定系统中所表现出来的优点，近年来各个国家对神经网络控制技术均进行了深入广泛的研究。神经网络在控制中的作用可分为以下几种。

1）在基于精度模型的各种控制结构中充当对象的模型。

2）在反馈控制系统中起到控制器的作用。

3）在传统控制系统中起到优化计算的作用。

4）在与其他智能控制方法和优化算法，如模糊控制、专家控制及遗传算法等相融合中，为其提供非参数化对象模型、优化参数、推理模型及故障诊断等。

5.6.3　专家控制

专家控制是应用人工智能技术和计算机技术，根据某领域一个或多个专家提供的知识和经验进行推理和判断，模拟人类专家的决策过程，以便解决那些需要人类专家才能处理好的复杂问题。相应地，专家控制系统是一种模拟人类专家解决领域问题的计算机程序系统，已广泛应用于故障诊断、工业设计和过程控制中，为解决工业控制难题提供了新的方法，是实现工业过程控制的重要技术。

专家控制系统通常由人机接口（界面）、知识获取、推理机、解释器、知识库、数据库等 6 个部分构成，如图 5-23 所示。

专家控制系统各个部分的作用如下。

1）人机接口（界面）：是系统与用户进行交流以及系统输出推理结果与相关解释的界面。

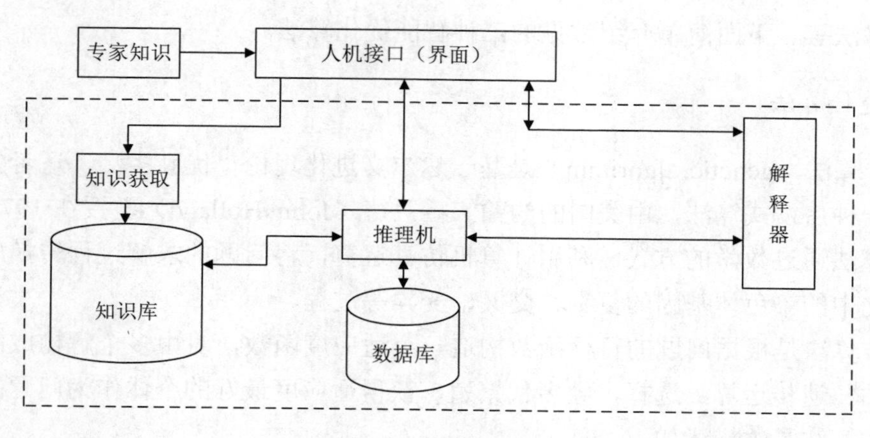

图 5-23　专家控制系统

2）知识获取：负责建立、修改和扩充知识库，是专家控制系统中把问题求解的各种专门知识从人类专家的头脑中或从其他知识源中转换到知识库中的一个重要机构。知识获取可以采用手工方法，也可以采用半自动方法或自动方法。

3）推理机：是实施问题求解的核心执行机构，它实际上是对知识进行解释的程序，根据知识的语义，对按一定策略找到的知识进行解释执行，并把结果记录到动态库的适当空间中。

4）解释器：用于对求解过程做出说明，并回答用户的提问。

5）知识库：是问题求解所需要的领域知识的集合，包括基本事实、规则和其他有关信息。知识库中的知识源于领域专家，是专家控制系统的核心组成部分。

6）数据库：也称为动态库或工作存储器，是反映当前问题求解状态的集合，用于存放专家控制系统运行过程中所产生的所有信息，以及所需要的原始数据，包括用户输入的信息、推理的中间结果、推理过程的记录等。

5.6.4　智能优化算法

优化问题是指在满足一定条件下，在众多方案或参数值中寻找最优方案或参数值，以使得某个或多个功能指标达到最优，或使系统的某些性能指标达到最大值或最小值。优化问题广泛地存在于信号处理、图像处理、生产调度、任务分配、模式识别、自动控制和机械设计等众多领域。

智能优化算法又称现代启发式算法，是一种具有全局优化性能、通用性强且适合于并行处理的算法。这种算法一般具有严密的理论依据，而不是单纯凭借专家经验，理论上可以在一定的时间内找到最优解或近似最优解。常用的智能优化算法有遗传算法、蚁群算法、粒子群算法、模拟退火算法、禁忌搜索算法、免疫算法、捕食搜索算法等。下面简单介绍常见的三种智能优化算法。

1. 遗传算法

遗传算法（genetic algorithm）是基于达尔文进化理论“优胜劣汰，适者生存”机制的一种启发式算法，由美国的约翰·霍兰德（John Holland）教授在1975年提出。该算法通过数学的方式，利用计算机仿真运算，将问题的求解过程转换成类似生物进化中的染色体基因的复制、交叉、变异等过程。

遗传算法是根据问题的目标函数构造一个适应度函数，对由多个解构成的种群进行评估、遗传运算、选择，经多代繁殖，获得适应度最好的个体作为问题的最优解。遗传算法具体描述如下。

1）产生初始种群。遗传算法是一种基于群体寻优的方法，算法运行时是以一个种群在搜索空间进行搜索。一般采用随机方法产生一个初始种群，也可以采用其他方法构造一个初始种群。

2）根据问题的目标函数构造适应度函数。在遗传算法中使用适应度函数来表征种群中每个个体对其生存环境的适应能力，每个个体具有一定的适应度值。适应度值是种群中个体生存机会的唯一确定值。适应度函数直接决定着群体的进化行为，适应度函数基本上依据优化的目标函数来确定。为了能够直接将适应度函数与群体中的个体优劣相联系，在遗传算法中适应度值规定为非负，并且在任何情况下总是希望越大越好。

3）根据适应度值的好坏不断选择和繁殖。在遗传算法中自然选择规律的体现就是以适应度值的大小决定的概率分布来进行计算选择。个体的适应度值越大，该个体被遗传到下一代的概率越大；反之，个体适应度值越小，该个体被遗传到下一代的概率越小。被选择的个体两两进行繁殖，繁殖产生的个体组成新的种群。这样的选择和繁殖的过程不断重复。

4）若干代后得到适应度值最好的个体所对应的解即为问题的最优解。

在求解较为复杂的组合优化问题时，相对一些常规的优化算法，遗传算法通常能够较快地获得较好的优化结果。

2. 蚁群算法

20世纪90年代初，意大利学者马可·多里戈（Marco Dorigo）等提出一种模拟蚂蚁群体觅食行为方式的仿生优化算法——蚁群算法（ant colony algorithm，ACA）。该算法引入正反馈并行机制，具有较强的鲁棒性、优良的分布式计算机制、易于与其他方法结合等优点。

生物学家通过观察和研究发现，蚂蚁有能力在没有任何可见提示下找出从蚁穴到食物的最短路径，并且能随环境的变化而变化，适应性地搜索新的路径，产生新的选择。这是因为蚂蚁在寻找食物源时，能在其走过的路径上释放一种特有的分泌物——信息素，使得一定范围内的其他蚂蚁能察觉到并由此影响它们的行为。当一些路径上通过的蚂蚁越来越多时，其留下的信息素浓度也越来越大，蚂蚁选择该路径的概率也就越高，从而更增加了该路径的信息素强度，这种选择被称为蚂蚁的自催化行为。

蚁群算法具体描述如下。

1）蚂蚁在路径上释放信息素。

2）碰到还没走过的路口，就随机挑选一条路走。同时，释放与路径长度有关的信息素。

3）信息素浓度与路径长度成反比。后来的蚂蚁再次碰到该路口时，就选择信息素浓度较高路径。

4）最优路径上的信息素浓度越来越大。

5）最终蚁群找到最优寻食路径。

自从蚁群算法在著名的旅行商问题（travelling salesman problem，TSP）和二次分配问题（quadratic assignment problem，QAP）上取得成效以来，已陆续渗透到其他问题领域中，如工件排序、图着色问题、车辆调度问题、大规模集成电路设计、通信网络中的负载平衡问题等。

3. 粒子群算法

粒子群算法（particle swarm optimization，PSO）是由美国社会心理学家詹姆斯·肯尼迪（James Kennedy）和电气工程师拉塞尔·埃伯哈特（Russell Eberhart）在1995年共同提出的，是继遗传算法、蚁群算法之后的又一种新的群体智能算法，目前已成为进化算法的一个重要分支。

粒子群算法的基本思想是受Eberhart和Kennedy对鸟类群体行为进行建模与仿真研究结果的启发，而其模型及仿真算法主要利用了生物学家弗兰克·赫伯（Frank Hepper）的模型：当一只鸟飞离鸟群而飞向栖息地时，将导致它周围的其他鸟也飞向栖息地，直到整个鸟群都落到栖息地。鸟群寻找栖息地与对一个特定问题寻找解很类似。正是由于这一发现，Eberhart和Kennedy对Hepper的模型进行修正，以使微粒能够飞向解空间并在最好解处降落。其关键是在探索和开发之间寻找一个恰当的平衡，另外，需要在个性与社会性之间寻求平衡，即希望个体既具有个性化，又希望其知道其他个体已经找到最优解并向它们学习，即社会性。

粒子群算法具体描述如下。

1）依照初始化过程，对微粒群的随机位置和速度进行初始设定。

2）计算每个微粒的适应度值。

3）对每个微粒，将其适应度值与所经历过的最好位置进行比较，若较好，则将其作为当前最好位置。

4）对每个微粒，将其适应度值与全局所经历过的最好位置的适应度值进行比较，若较好，则将其作为当前全局最好位置。

5）对微粒的速度和位置进行进化。

6）若未达到结束条件，则返回步骤 2）。

智能优化算法是最优化理论的集成与发展，综合运用了人工智能和各种数学工具，显著提高了处理大规模复杂问题的能力，从而为全系统、全性能和全寿命周期优化模型的综合求解提供了可能。

第6章 人工智能的典型应用

自1956年人工智能概念被提出，人工智能理论和技术日益成熟，应用领域也不断扩大。与此同时，移动互联网、物联网、大数据的兴起以及云计算的极速发展为人工智能的深入应用创造了可行的条件，人工智能必将对社会生产、生活的各个领域产生重要影响。

本章主要介绍人工智能在智能制造、智能交通、智慧医疗、智慧农业、智能家居等领域的应用。

6.1 让“想象”触手可及：人工智能与智能制造

“中国制造 2025”和“工业4.0”两个概念被提出之后，“智能制造”成为一个热门话题，而且备受人们关注。智能制造是一种由智能机器和人类专家共同组成的人机一体化智能系统，它在制造过程中能进行智能活动，如分析、推理、判断、构思和决策等。智能制造是工业的发展趋势，包含智能制造技术和智能制造系统。智能制造技术是利用计算机模拟制造业领域专家的分析、判断、推理、构思和决策等活动，并将这些活动和智能机器融合起来，贯穿应用于制造业的各个阶段（经营决策、采购、产品设计、生产计划、制造装配、质量保证和市场销售等），以实现整个制造企业经营运作的高度柔性化和高度集成化。智能制造系统具有自学习功能，在实践中不断地充实知识库，而且还能收集与理解环境信息和自身信息，并进行分析判断和规划自身行为。

智能制造的内容包括制造装备的智能化、设计过程的智能化、加工工艺的优化、管理的信息化和服务的敏捷化/远程化。

6.1.1 智能制造的关键技术

智能制造的关键技术包括如下几种。

1）智能制造装备及其检测技术。智能生产、智能工厂、智能物流和智能服务是智能制造的四大主题。其中，智能装备是智能生产和智能工厂的技术基础。随着制造工艺与生产规模的不断变革，必然对智能装备中测试仪器、仪表等检测设备的数字化、智能化提出新的需求，促进其检测方式的根本变化。

2）工业大数据技术。工业大数据技术的主要作用是打通物理世界和信息世界，推动生产型制造向服务型制造转型。在生产过程中会实时产生大量数据，依托大数据系统，采集现有工程设计、工艺、制造、管理、监测、物流等环节的信息，可以实现生产的快速、高效及精准分析决策，能够帮助发现问题、查找原因、预测类似问题重复发生的概率，帮助改进生产水平、完成安全生产、提升服务水平、提高产品附加值。

3）数字制造技术、柔性制造技术及虚拟仿真技术。数字制造技术使制造有模型、能够仿真，这是智能制造的基础。柔性制造技术是建立在数控设备应用基础上并正在随着制造企业技术进步而不断发展的新兴技术。虚拟仿真技术包括面向产品制造工艺和设备的仿真、面向产品本身的仿真和面向生产管理层的仿真三个方面。

4）传感器技术。智能制造与传感器紧密相关，可以利用传感器来获取信息。传感器是工业的基石，传感器的智能化、无线化、微型化和集成化是未来智能制造技术发展的关键之一。

5）人工智能技术。人工智能技术用于制造业将重构生产、分配、交换、消费等活动的各个环节，形成从宏观到微观各领域的智能化新需求，催生新技术、新产品、新产业、新业态、新模式。目前，人工智能技术正在与各行各业快速融合，助力传统行业转型升级、提质增效。

6）射频识别和实时定位技术。在生产制造现场，射频识别和定位技术能够帮助企业对各类别材料、零件和设备进行实时跟踪管理，监控生产过程中相关零件、材料和工具的位置、行踪等。

7）虚拟现实。虚拟现实技术是一种多源信息融合的、交互式的、三维动态视景和实体行为的系统仿真，能够使用户沉浸到该环境中。虚拟现实在智能制造中的应用体现为虚拟制造、虚拟设计和虚拟装配技术等。

6.1.2 智能制造的特征

智能制造具有生产过程高度智能化，资源优化配置高度智能化和产品高度智能化/个性化等特点，具体来说有以下特征。

1）自律能力：即搜集与理解环境信息及自身的信息，并进行分析判断和规划自身行为的能力。具有自律能力的设备称为“智能机器”，“智能机器”在一定程度上表现出独立性、自主性和个性，甚至相互间还能协调运作与竞争。强有力的知识库和基于知识的模型是自律能力的基础。

2）人机一体化：人机一体化一方面可以突出人在智能制造系统中的核心地位，同时在智能机器的配合下，更好地发挥了人的潜能，使人机之间表现出一种平等共事、相互“理解”、相互协作的关系，使两者在不同的层次上各显其能，相辅相成。

3）虚拟现实技术：这是实现虚拟制造的支持技术，也是实现高水平人机一体化的关键技术之一。

4）学习能力与自我维护能力：智能制造系统能够在实践中不断充实和完善知识库，并删除库中不适用的知识，使知识库更趋合理；同时，还能对系统故障进行自我诊断、排除及修复。这种特征使智能制造系统能够自我优化并适应各种复杂的环境。

5）自组织与超柔性：智能制造系统中的各种组成单元能够根据工作任务的需要自行组成一种超柔性最佳结构，并按照最优的方式运行。其柔性不仅表现在运行方式上，还表现在结构形式上。完成任务后，该结构自行解散，以备在下一个任务重新集结成新的结构，这种超柔性如同一群人类专家组成的群体，具有生物特征。

6.1.3 智能制造的发展趋势

全球制造产业正在发生深刻变化，智能制造技术创新与应用贯穿制造业全过程，制造业的设计、生产、管理、服务各个环节日趋智能化。智能制造正在引领新一轮的制造业革命，其发展趋势如下。

1）智能制造将与互联网为代表的新一代信息技术进行深度融合。在物联网、云计算、大数据等新一代信息技术的支持下，制造业产品、生产流程管理、研发设计、企业管理乃至用户关系等出现智能化趋势。新一代信息技术重构了产业生态链和价值链，促使制造业的生产组织方式、要素配置方式、产品形态和商业服务模式等发生变革，将推动“中国制造”向“智能制造”转型。

2）在大数据驱动下，智能制造将出现按需定制的制造模式变革，智能制造开始走向个性化定制的新时代，能够进行网络化和智能化的柔性和协调生产。

6.2 出行革命：人工智能与智能交通

随着城市交通需求的迅速增长与道路基础设施的日趋完善，“如何使交通水平再次登上一个新台阶”已成为当前的关注热点之一。

由于基础设施建设速度落后于车辆的增长速度，交通拥堵已成为大中城市交通中的普遍现象。根据中国交通运输部的测算，交通拥堵给 GDP 带来的损失为 5%～8%。也就是说，像北京、上海这样的大城市，因为交通拥堵，每年都有上千亿元人民币的损失。另外，机动车尾气排放也成为城市大气污染的主要原因。一些大城市机动车排放的污染物对多项大气污染指标的贡献率已超过 60%，严重地危害着人们的健康。总之，随着我国城镇化进程的不断加快，无论高速公路还是城市道路，承受的交通压力越来越大，使得“环境、路、车、人”之间的矛盾日益突出。由此引发的交通通行效率低下、尾气污染和交通事故已成为制约我国城市化发展和影响居民生活质量的主要因素。

那么，如何科学、有效地处理好以上问题，相关部门已将注意力从完善交通设施和扩大路网规模，逐步转移到运用高新技术（如计算机技术、通信技术、传感器技术、人工智能等）来改造和管理现有的交通系统，建立一套高效、安全、便捷的路网管理体系，形成智能交通系统。

6.2.1 智能交通系统

智能交通系统（intelligent traffic system，ITS）是将先进的计算机技术、通信技术、传感器技术、控制技术及人工智能等有效地集成运用于整个地面交通管理系统而建立的一种在大范围内、全方位发挥作用的，实时、准确、高效的综合交通运输管理系统。借助互联网将汽车、火车、轮船、飞机等交通工具与公路、铁路、机场等各类基础设施联系在一起进行管理和运营，提高运输效率、保障交通安全、缓解交通拥挤、减少环境污染，是未来交通系统的发展方向。

1994 年，国际上才真正出现智能交通这个概念。我国从 20 世纪 90 年代中期开始关注智能交通。结合国家政策的制定实施，以及行业发展史和产业服务对象的变化，可以将我国 20 多年的智能交通发展历程分为以下四个阶段：1996～2000 年为起步阶段，这一阶段主要是基本理论的认识和基本框架的搭建；2001～2008 年为培育阶段，这一时期政府通过政策扶持进行科技引导，各地也开始在理论研究中进行一些实践，建立一些应用示范，同时鼓励关联产业；2009～2015 年为形成基础阶段，这一时期的特点是标准化、集成应用、基础研究、示范工程、运营管控；2016 年至今为提升发展阶段，这一阶段的内容主要集中在关键技术、规模建设、创新发展、产业提升、规模应用、综合服务方面。

6.2.2 智能交通系统的构成

智能交通系统主要包括以下六个方面（见图 6-1）。

图 6-1　智能交通系统的构成

1）智能交通管理系统：包括现代化交通控制中心、先进的交通监视服务及规范、完整的道路指示信息。该系统集成多项技术来监控交通路况。从摄像头和速度传感器收集的实时交通数据传输至交通控制中心，进行汇总分析，优化交通路况，保障安全出行。借助这一系统，管理人员对道路、车辆的行踪掌握得一清二楚。

2）智能公共交通系统：通过动态采集公共交通信息，提供交通信息服务，提高公共交通的吸引力——准时、快速与舒适，包括公共交通车辆自动调度系统、公交车辆自动票务管理系统及公共交通行驶信息引导系统。

3）交通信息服务系统：运用先进的技术手段，建立个性化信息服务系统，针对自驾车、公共交通、打车等出行者提供动态个性化服务信息，如换乘信息、交通气象信息、停车场信息等。贯穿出行者的出发前、出行中、到目的地的整个出行过程。引导出行者选择合适的交通方式和路径，以最高效率和最佳方式完成交通出行。总的来说，交通信息服务系统可以为公众提供多样化、个性化、精准化的实时交通信息服务和一站式出行解决方案，为信息不对称导致的交通拥堵、交通污染等问题提供有效的缓解途径。

4）先进的车辆控制安全系统：借助车载设备以及路测、路表的检测设备来检测周围行驶环境的变化情况，可动态测试车辆移动的关联状况信息，如车辆的间距、相对车速、自身车速、道路状况、驾驶员信息、车辆进入交叉口前的信息等。该系统提供以驾驶员援助和突发事件对策为中心的车辆自动控制系统，其中包括行车自动控制系统和行车安全报警系统。

车辆控制安全系统的本质就是在车辆与道路系统中将现代化的通信技术、控制技术和交通流理论加以集成，提供一个良好的辅助驾驶环境，在特定的条件下，车辆将在自动控制下安全行驶。

先进的车辆控制安全系统分为两个层次，即车辆辅助安全驾驶系统和自动驾驶系统。目前，自动驾驶的研发进行得如火如荼，这方面比较著名的公司有特斯拉、百度等。

5）电子收费系统：电子不停车收费（electronic toll collection，ETC）系统。该系统是由利用微波（或红外、射频）技术、计算机技术、通信和网络技术、传感技术、图像识别技术等高新技术的设备和软件所组成的先进系统，实现车辆无须停车即可自动收取道路通行费用。与传统人工收费相比，ETC 减少了停车引起的废气排放，避免了因停车收费而造成的收费口堵塞。

6）紧急事故支持系统：主要包括异常交通信息及时采集与提供、异常交通救援、二次事故的预防、关联交通的诱导与疏散等。

从上文可以看出，这些子系统所涉及的自动驾驶、智慧交通信号系统、电子收费系统、最佳路线推荐等都是人工智能为交通带来的影响。例如，在交通信号控制方面，传统的交通灯转换使用的都是默认时间，人工智能交通系统则是利用雷达传感器和摄像头监控交通流，然后利用人工智能算法确定转换时间，将人工智能与交通控制理论相融合，以便对城市道路网中的交通流量进行合理优化。

6.2.3 智能交通系统的发展趋势

随着新一代信息技术的发展以及“智能+”的推进，新一代智能交通系统将包含传感器、通信系统、外围设施等新型智能化基础设施；无人驾驶车辆等智能化交通工具；共享汽车等创新服务，满足多层次的出行服务系统、智能物流系统和管理系统。交通运输将呈现完全不同的特征，提供多样化的服务。未来智能交通的发展有三大趋势：更加智能化，涉及无人驾驶、智能导航、智能监控等；更加全面化，涉及的方向有无线传感、物联网、车路协同等；更加实时化，处理的问题主要有实时交通、实时信息、实时数据等。

智能交通在发展的过程中也会促进相关行业和学科的发展，比如与智能交通系统相关的载运工具制造（如智能汽车）、基础设施的建设与养护、运输的组织管理等。

智能交通行业受到全球各国政府的重视，市场潜力可观，2020 年中国智能交通行业市场规模达到 1066 亿元人民币。我国的智能交通 20 多年来取得的进步得益于中国的改革开放和政策扶持力度的不断加大，智能交通未来的发展空间巨大，人工智能在交通方面的应用将会大放异彩。期盼老百姓出行更安全、更快捷、更环保。

6.3 Watson 医生：人工智能与智慧医疗

本节介绍人工智能在医学中的应用，看看人工智能和医学结合会产生怎样的效果。Watson 医生是不是大侦探福尔摩斯身边的华生医生？他与智慧医疗又是什么关系？谜底将在本节内容中揭晓。

在 2020 年 8 月举办的全球人工智能产品应用博览会上，李兰娟院士带来了题为“AI 推动医疗健康新变革”的演讲。之后，李兰娟院士多次提到人工智能和大数据是医务工作者的最佳武器，人工智能、大数据和互联网让疫情无所遁形。图 6-2 所示为 2020 年 3 月武汉协和医院放射科和智能医学实验室的专业人员，在运用人工智能系统分析患者的肺部 CT，排查新冠肺炎病毒患者。

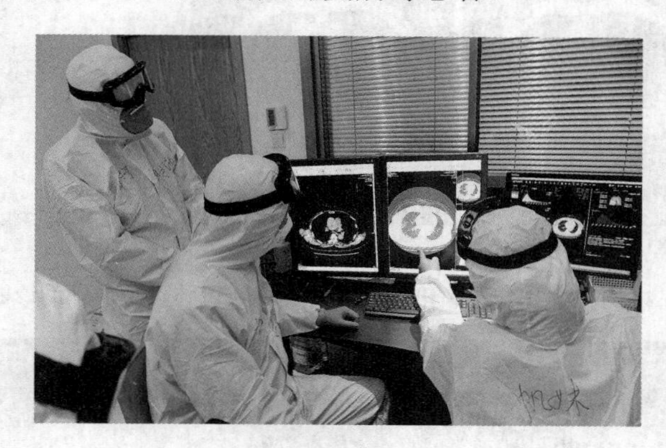

图 6-2　人工智能帮助医生分析肺部 CT

人工智能在医学上到底有哪些贡献？让我们正式进入本节内容的学习，了解一些典型的应用，包括精准诊断、辅助治疗和康复护理等。

6.3.1　精准诊断

人工智能在医疗领域的一大应用就是与医学影像结合，发展成“智能医学影像”。医疗数据中有 90%来自医学影像，有了人工智能，医生的压力就能大大减少，智能医学影像能大幅度提高诊疗的效率和准确率；而且智能医学影像系统不需要休息，准确率不会受到疲劳、情绪等负面因素的影响，医学影像自动化分析的速度比放射科医师要快 60%～90%。

目前，国内已经有不少企业在这一领域大展拳脚。图 6-3 所示为中国科学院与科大讯飞合作研发的新冠肺炎影像辅助诊断平台，该系统可在 3s 内完成一例患者新冠肺炎辅助诊断。目前，科大讯飞与中国科学技术大学附属第一医院联合建设的人工智能辅助诊断平台已为 1200 余家医疗机构提供医疗影像辅助诊断服务。北京羽医甘蓝信息技术有限公司（DeepCare）致力于将人工智能和深度学习技术用于医疗影像的识别和筛查，从而解决三甲医院高级医生与普通医生的能力差距问题，图 6-4 所示为其开发的 AI 口腔影像系统。腾讯首款人工智能医学影像产品“腾讯觅影”能对各类医学影像进行训练学习，智能识别病灶，辅助医生临床诊断食管癌、肺癌、糖尿病视网膜病变等疾病的早期筛查。其中，糖尿病视网膜病变识别准确率达到了97%，真正做到了精准诊断。

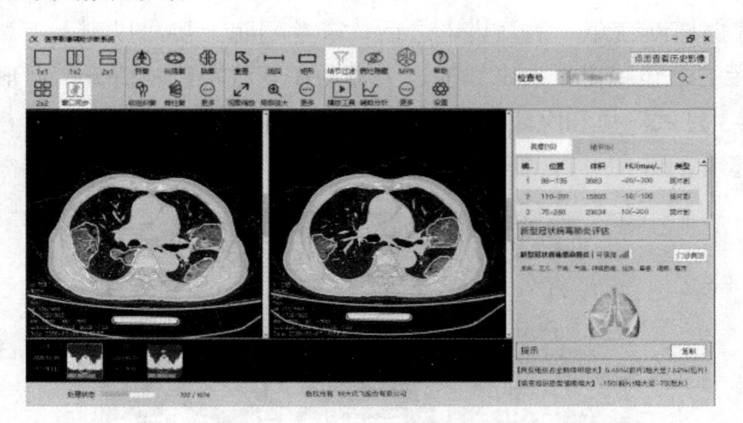

图 6-3　中国科学院与科大讯飞合作研发的新冠肺炎影像辅助诊断平台

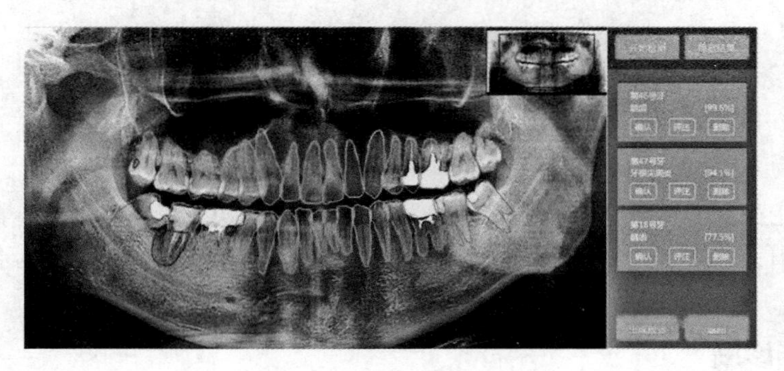

图 6-4　DeepCare 公司的 AI 口腔影像系统

国外利用人工智能进行疾病精准诊断的典型应用是美国的科技巨头IBM公司与斯隆凯特琳癌症中心合作打造的沃森（Watson）医生。由于全球肿瘤临床病例数量急速增长，一位病理学家花 29h 学习的文献内容，Watson 医生只需要 3s。Watson 医生具有强大的学习与记忆能力，能够不间断地获取与吸收最前沿的肿瘤医疗知识，这位医学影像学界的“婴儿”很快成长为“专家”，用于诊断心脏病类的疾病。此外，Watson 医生还是一位肿瘤专家，有着超强的“特异功能”，Waston 医生给出的肿瘤治疗方案与人类顶级专家给出的治疗方案非常契合，符合度超过了 90%。目前，Waston 医生会诊断十几类癌症，能给出多种备选治疗方案，并列出每种方案的出处、剂量、副作用及注意事项，帮助临床医生为患者提供最佳的治疗方案。

6.3.2　辅助治疗

诊断病情之后，患者就要接受治疗。谈到人工智能在辅助治疗方面的成就，我们首先想到的就是手术机器人。

我国历时 18 年研发完成的神经外科手术机器人“睿米”（见图 6-5），在面对脑出血、帕金森病等十余类神经外科疾病时，能够出色地完成精准定位，可以达到 1mm 的精确度，帮助医生在不开颅的情况下定位到颅内的细微病变，实现精准的微创手术，术后观察 2～3 天即可出院。截至目前，已经在全国 20 多家医院成功应用于 2 万余例脑出血、帕金森、癫痫等疾病的治疗。

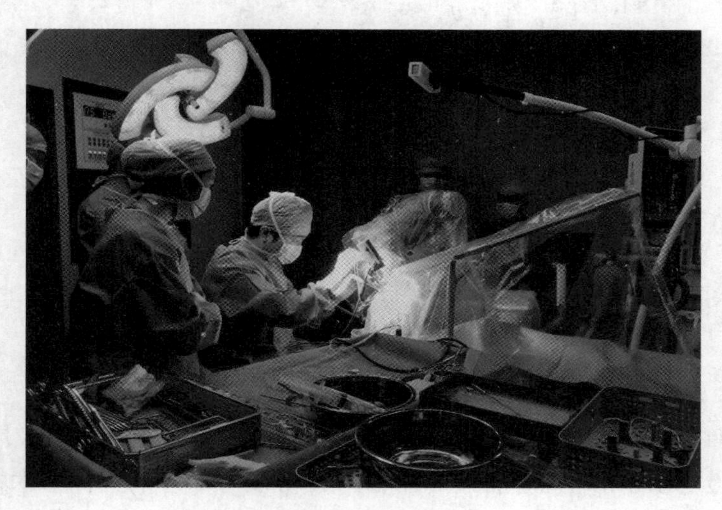

图 6-5　“睿米”机器人辅助手术

国产的全球唯一骨全科机器人“天玑”拥有“透视眼”和“稳定手”（见图 6-6），能解决传统的骨科手术中看不见内部结构、打不准螺钉、人手不够稳三大难题。不仅手术时间缩短，还实现了手术微创，不再需要开大刀、剥离皮肤、肌肉、神经，能减少手术切口，减少出血量，患者也能更快康复。

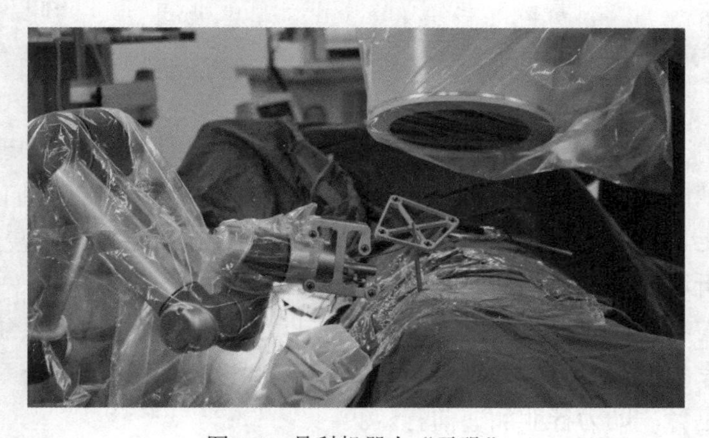

图 6-6　骨科机器人“天玑”

如果说“天玑”专攻硬组织，那么 IBM 公司等研发的手术机器人“达芬奇”专攻软组织。如图 6-7 所示，“达芬奇”外科手术系统是一种高级机器人平台，设计的理念是通过使用微创的方法，实施复杂的外科手术。“达芬奇”机器人由三部分组成，即外科医生控制台、床旁机械臂系统和成像系统。2015 年，武汉协和医院就借助手术机器人“达芬奇”成功完成湖北省首例机器人胆囊切除术。

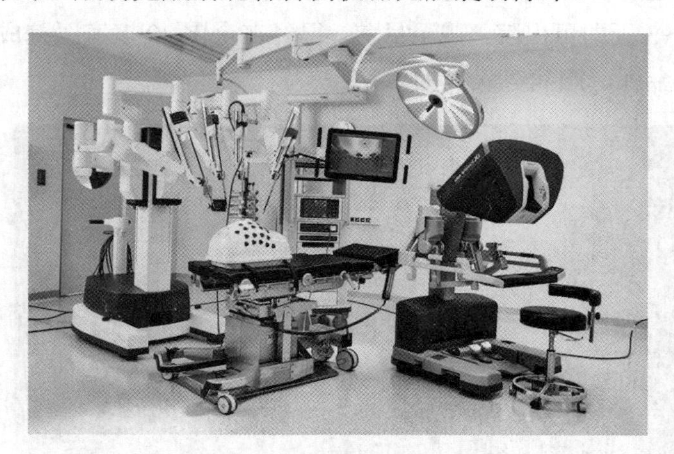

图 6-7 “达芬奇”手术机器人

人工智能对手术的辅助不仅在机器人方面，AR 和 VR 也是两大应用。AR 能帮助外科医生 360° 无死角地查看病人的器官，VR 可以与专有的人体手术机器人结合，帮助外科医生进行微创手术或远程医疗。

此外，纳米医疗机器人能够清理血管，赶走病毒。老年人常见的心脑血管疾病，对于纳米机器人来说就是小菜一碟。科学家们甚至可以实时操控“纳米机器人”，使其“有意识地”在人体内游走并能定点给药，从而清除血液中的细菌和毒素。不久的将来，癌症患者或许将不用进行化疗，利用纳米机器人就可以精准地消灭癌细胞。

6.3.3 康复护理

除了用于精准诊断、辅助治疗之外，人工智能还可以用于康复护理。例如，韩国三星集团生产的外骨骼机器人“Samsung GEMS”，用户只需要把它们佩戴在身上，就可以辅助行走，帮助强化肌肉。瑞士的神经康复治疗系统运用了沉浸式虚拟现实、动作捕捉与分析以及神经电生理测量技术。

广州柔机人养老产业有限公司开发的场景助力康复护理机器人系统，适合各种失能老人的居家护理。此外，傅利叶智能、迈步科技、科大讯飞等公司开发的康复机器人也发展迅猛，助力行业加速前行。

除了本节介绍的内容之外，人工智能与医学的结合还能为人类带来什么呢？可能性似乎是无穷无尽的。由于血液纳米机器人将阻止 DNA 异变，美国新泽西学院的唐纳德·托马斯（Donald Thomas）教授曾预言，人类可以活到 180 岁，甚至可能活到 300 岁以上。虽然有些科幻，但毫无疑问，人工智能在医疗领域的应用意味着全世界的人都能得到更为普惠的医疗救助，获得更好的诊断、更安全的微创手术、更短的等待时间和更低的感染率，并将极大地提升人类的平均寿命。AI 赋能医疗，必将助力健康中国建设。

6.4　勤劳的农夫：人工智能与智慧农业

目前，我国农业面临着土地资源短缺、灌溉水污染、机械化水平低、农业技术落后、农产品生产成本不断上升、食品安全等问题，极大地制约了农业的发展。随着科技的发展、人工智能的引入，有望打破农业发展瓶颈。

6.4.1　智慧农业的概念

智慧农业是指现代科学技术与农业种植相结合，从而实现无人化、自动化、智能化的农业生产管理。它运用传感器和软件通过移动平台或者计算机平台对农业生产进行控制，使传统农业更具有“智慧”。除了精准感知、控制与决策管理外，从广泛意义上讲，智慧农业还包括农业电子商务、食品溯源防伪、农业休闲旅游、农业信息服务等方面的内容。

智慧农业是农业生产的高级阶段，是集新兴的人工智能、移动互联网、云计算和物联网技术于一体，依托部署在农业生产现场的各种传感节点（环境温湿度、土壤水分、二氧化碳、图像等）和无线通信网络实现农业生产环境的智能感知、智能预警、智能决策、智能分析、专家在线指导，为农业生产提供精准化种植、可视化管理和智能化决策。

对于发展中国家而言，智慧农业是智慧经济的主要组成部分，是发展中国家消除贫困、实现后发优势、经济发展后来居上、实现赶超战略的主要途径。目前，全球有将近 8 亿人正在遭受饥饿，农业面临的问题比其他行业更为严重，人工智能的出现和兴起让这一切变得不一样。人工智能将助力农业实现可持续发展。

6.4.2　智慧农业的发展趋势

我国智能农机起步比较晚，国外农机品牌一度占据着中国高端农机 80%的市场。2015～2019 年的 5 年间，国家在智慧农业的政策和扶持上力度特别大，中国企业自主研发的趋势也逐步明显，传统农机企业纷纷布局智能农机。代表企业有如下几家。①中联重科：致力于开发农机的人工智能策略。②雷沃重工：精准布局智慧农业平台和自动驾驶。③三一重工：发展高端农机，引领行业率先进入“无人时代”。④新大陆：实现智慧农场的无人作业和推动农业大数据研究与应用。⑤宗申：研发、生产和销售大型高端农业机械，如大型高端玉米收割机、多功能谷物收货机等。⑥奔野重工：研发的自动驾驶拖拉机具有感知、学习和与环境互动的能力，可实现人、机、信息的全面统一。

农业深刻影响着国民经济以及社会的方方面面。人工智能技术迅速发展，必将为我国农业发展注入新的生机与活力。那么智慧农业又将走向何方呢？在生产领域，由人工走向智能，摆脱人力依赖，构建集环境监控、作物模型分析和精准调节为一体的农业生产自动化系统和平台。

在经营领域，突出个性化与差异性营销方式。物联网、云计算等技术的应用，打破了农业市场的时空地理限制，农业经营将向订单化、流程化、网络化转变。个性化与差异性的定制农业营销方式将广泛兴起。

在服务领域，提供精确、动态、科学的全方位信息服务，提供气象、灾害预警和公共社会信息服务，提高农业生产管理决策水平，增强市场抗风险能力。

在安全领域，构建农产品溯源系统，将农产品生产、加工等过程的各种相关信息进行记录并存储，并能通过食品识别号对农产品进行查询认证。

到目前为止，很多互联网公司都在智慧农业领域有所动作，如京东宣布建立智慧农业共同体；阿里云正式发布了阿里云 ET 农业大脑；百度发布了 AI 遥感智能监测病虫害；等等。我国是农业大国，随着智慧农业的发展和乡村振兴计划的实施，在不久的将来，“面朝黄土背朝天，风吹日晒满身土”的日子将一去不复返，乡村生活将会更加美好。

6.4.3 智慧农业的典型应用

目前，智慧农业的主要研究成果有：采果机器人，用于水果采摘；植保机器人，如轻便型远程遥控智能打药机，可用于农作物病虫害防治喷药作业；农耕机器人，可实现自主化农业耕作，将人从繁重的农业劳作中解放出来；分拣机器人，用于对目标物的识别与分拣；诊断机器人，用于诊断土壤的营养缺陷，并与植物病虫害、作物生长等相关联。

2019 年，美国 Root AI 公司研发出采果机器人。采果机器人首先通过摄像和传输系统获得果树的照片，利用定位和识别技术选择采摘对象，然后使用机械手臂进行采果。采果机器人能通过人工智能技术自动分辨果子的成熟度，实现自主采摘，工作效率大大高于人工。

美国的农耕机器人 Prospero，能通过自动探测装置获得土壤的相关特性参数，然后优化最佳种植密度并播种。

我国山东智物缘机器人有限公司开发的智慧蛙植保机器人（见图 6-8）是一款喷杆式喷雾打药机。该机器人能实现无人驾驶，高效作业（9m 喷幅，120kg 水箱，500 亩[①]/天），适用于小麦、玉米、水稻及各种蔬菜的病虫害防治喷药作业，喷施效果好，可以大大降低劳动强度及成本。

图 6-8　智慧蛙植保机器人

2019 年 9 月，华东师范大学软件工程学院研究生导师张新宇带领其学生在荒漠进行种树机器人实验，该机器人（见图 6-9）半人高，自带螺旋大钻头，由光伏太阳能驱动，配套无人驾驶和人工智能技术，小型轻量，对荒漠地区脆弱的地表土壤损伤很小。此外，相较于使用笨重的拖拉机牵引，该款机器人成本低，易于生产和组装，也更易于大规模部署。

图 6-9　种树机器人

① 1 亩≈666.67m^2。

6.5 让家充满智慧：人工智能与智能家居

你是否也遇到过生活中的小麻烦，例如，离开家却想起忘了关电器；忘带钥匙在门外团团转；在寒冬酷暑等待空调缓慢调节室内温度；刮风下雨时匆匆赶回家关门窗……不难想象，所有这些时刻，如果挥一挥手、喊一嗓子或者遥控操作，就能解决，是何等方便。智能家居，就是将现代科技应用到生活中，实现智能控制，让人们理直气壮地“偷懒”。

6.5.1 智能家居

智能家居是以住宅为平台，利用综合布线技术、网络通信技术、安全防范技术、自动控制技术、音视频技术将与家居生活有关的设施进行集成，构建高效的住宅设施与家庭日常事务的管理系统，提升家居安全性、便利性、舒适性，并实现环保节能的居住环境。

智能家居是在互联网影响之下物联化的体现，通过物联网技术将家中的各种设备，如音视频设备、照明系统、窗帘控制、空调控制、安防系统、网络家电等连接到一起，提供了多种功能和手段，如家电控制、照明控制、电话远程控制、室内外遥控、防盗报警、环境监测、暖通控制等。与普通家居相比，智能家居不仅具有传统的居住功能，还兼备建筑、网络通信、信息家电、设备自动化，能提供全方位的信息交互功能，甚至可以为各种能源费用节约资金，其目标是使家居具有高效节能、使用方便、安全性高的优点。

智能家居规划主要体现在以下四个方面。

1）家庭自动化，是指利用微处理电子技术，集成或控制家中的电子电器产品或系统，如照明灯、计算机设备、安防系统、空调系统、音响系统等。

2）家庭网络，是指通过因特网互联家庭中的计算机、家电、窗帘、门禁系统、照明系统等。

3）网络家电，是指将普通家用电器利用数字技术、网络技术及智能控制技术设计改进成的新型家电产品。

4）信息家电，是利用计算机、电信和电子技术与传统家电（如电冰箱、洗衣机、微波炉、电视机等）相结合的创新产品，它将使数字化与网络技术更广泛地深入家庭生活。

6.5.2 智能家居的发展历程

我国智能家居的发展一共经历了五个阶段。

1）萌芽期（1994～1999年）。整个行业还处在一个概念熟悉、产品认知的阶段，还没有出现专业的智能家居生产厂商，只有深圳有一两家从事美国X-10智能家居代理销售的公司从事进口零售业务，产品多销售给居住在国内的欧美用户。

2）开创期（2000～2005年）。我国先后成立了50多家智能家居研发生产企业，主要集中在深圳、上海、天津、北京、杭州、厦门等地。智能家居的市场营销、技术培训体系逐渐完善。在此阶段，国外智能家居产品基本没有进入我国市场。

3）徘徊期（2006～2010年）。由于上一阶段智能家居企业的野蛮成长和恶性竞争，给智能家居行业带来了较大的负面影响：包括过分夸大智能家居的功能而实际上无法达到这个效果，产品不稳定导致用户高投诉率等。行业用户、媒体开始质疑智能家居的实际效果，由原来的鼓吹变得谨慎，连续几年市场销售出现增长减缓甚至部分区域出现销售额下降的现象。在这一时期，国外的智能家居品牌却暗中布局进入我国市场，如罗格朗、霍尼韦尔、施耐德、Control 4等。我国部分存活下来的企业逐渐找到自己的发展方向，如天津瑞朗、青岛爱尔豪斯、海尔等。

4）融合演变期（2011～2020年）。进入2011年以来，智能家居市场明显出现了增长的势头，一方面行业进入一个相对快速的发展阶段，另一方面协议与技术标准开始主动互通和融合。

5）爆发期（2021年至今）。各大厂商开始密集布局智能家居行业，虽然行业发展仍处于探索阶段，但智能家居进入普通家庭已是大势所趋。

6.5.3 智能家居的未来趋势

智能家居发展多年，最初是智能单品，现在成套化落地已成为发展趋势，尤其在2018年，在人工智能技术的推动下，智能家居成套化落地千家万户。从模式上来看，既有以语音操控为核心的亚马逊和谷歌，也有以服务为代表的Vivint智能家居独角兽创新企业，还有以平台化促使智能家居走进寻常百姓家的海尔、苹果和三星等。其中，海尔成套化智慧家庭引领全球，已经掌握了智能家居落地的三大密钥——互联互通、主动服务和成套化。

智能家居的未来发展包括以下三个方面。

1）环境控制和安全规范。行业的发展可能会对智能家居有越来越规范的要求，智能家居集成或控制了家庭中的电子电器产品或系统，各类智能家居设备厂商需要进一步推进互联互通。

2）新技术新领域的应用。智能家居是人们对家居生活的一种理想，随着高新技术的不断发展，各个技术领域智能程度的提高，智能家居也会有新的发展方向。

3）与智能电网相结合。在我国，智能电网的建设有其根本需求，在对电力方面进行服务的过程中，还可以对智能家居的网络形成渗透作用，使用智能电网的用户，如果同时也在享受智能家居的服务，那么这两者之间可以建立一个有效的紧密通信，能够对智能家居与智能电网相结合的各种信息进行统筹，从而进行实际的有效管理。

智能家居可以让家庭充满智慧，让科技融入生活，大大提升生活品质和幸福感。

第7章 人工智能与机器人

本章阐述人工智能与机器人的关系、机器人的发展历史、机器人的运动与感知系统，并对机器人三定律和人工智能伦理进行介绍。了解机器人的关键是知道机器人如何自己执行智能活动。本章重点关注机器人的结构，并指出各个部分的具体功能及其实际应用。

本章主要介绍人工智能与机器人的概念、机器人发展简史、机器人的手（机械臂）、机器人的腿、机器人的大脑，机器人的感知系统、机器人三定律与人工智能伦理、机器人的前景展望。

7.1 人工智能与机器人简介

首先，人工智能就像一种新的意识形态，通过学习、推理、规划、感知来处理一系列任务，就好比人的大脑，所以才会有“百度大脑”“谷歌大脑”等。其次，人工智能是以大数据为支撑的。比如语言翻译，以前是单个单词的翻译，随着搜索引擎的迅速崛起，人们把自己想说的话通过语音按钮发到网上，然后被搜索引擎获取，形成一些例句，例句再经过计算机处理器的固定语法组织，形成最恰当的表述，实现翻译的目的。因此，为了让计算机达到最理想的效果，需要不断地用数据来支撑计算机的学习。

机器人是一种机器设备，所需的条件是人工智能+物理外壳，是自动执行工作的机器装置，它既可以接受人类指挥，也可以根据人工智能技术制定的规则行动。无论是人工智能还是机器人，都是人类智慧的结晶。人工智能赋予机器人思考问题的能力，机器人是人工智能的外在表现。其实两者本身并没有什么必要的联系，然而随着时代的进步，两者相互促进，逐渐形成了密不可分的关系。

近年来，随着科学技术和人工智能的迅速发展，机器人的种类越来越多，我国的机器人专家从应用环境出发，将机器人分为两大类，即工业机器人和特种机器人。

典型的工业机器人和特种机器人如图7-1所示。

（a）工业机器人

（b）特种机器人

图 7-1　工业机器人和特种机器人

7.1.1　工业机器人

工业机器人是广泛应用于工业领域的多关节机械手或多自由度的机器装置，具有一定的自动性，可依靠自身的动力能源和控制能力实现各种工业加工制造功能。工业机器人被广泛应用于电子、物流、化工等工业领域。

工业机器人由三大部分以及六个子系统组成。三大部分是机械部分、传感部分和控制部分。六个子系统分别为机械结构系统、驱动系统、感知系统、机器人-环境感知系统、人机交互系统和控制系统，具体介绍如下。

1）机械结构系统：可分为串联结构系统和并联结构系统。

2）驱动系统：向机械结构系统提供动力的装置。

3）感知系统：用于把机器人的各种内部状态信息和环境信息从信号转换为机器人自身或者机器人之间能够理解和应用的数据和信息。

4）机器人-环境感知系统：实现机器人与外部环境中的设备相互联系和协调的系统。机器人与外部设备集成为一个功能单元，如加工制造单元、焊接单元、装配单元等。当然，也可以是多台机器人集成为一个执行复杂任务的功能单元。

5）人机交互系统：人与机器人进行联系和参与机器人控制的装置，如计算机的标准终端、指令控制台、信息显示板、危险信号报警器等。

6）控制系统：根据机器人的作业指令以及从传感器反馈的信号，支配机器人的执行机构去完成规定的运动和功能。

日趋上升的人工成本、产业结构的优化升级和国家政策的大力扶持这三大因素将催生工业机器人的“春天”。从 2009 年开始，我国机器人市场持续快速增长，年均增长速度超过 40%，到目前为止，我国工业机器人市场份额已占据全球市场的三分之一，是全球第一大工业机器人应用市场。

7.1.2　特种机器人

特种机器人是除工业机器人之外，用于非制造业并服务于人类的各种先进机器人。特种机器人应用于专业领域，一般由经过专门培训的人员操作或使用，辅助或代替人类完成人类无法完成的（如空间与深海作业、精密操作、管道内作业等）任务。

特种机器人可分为不同的种类。根据特种机器人所应用的行业，可将特种机器人分为农业机器人、电力机器人、建筑机器人、物流机器人、医用机器人、护理机器人、康复机器人、安防与救援机器人、军用机器人、核工业机器人、矿业机器人、石油化工机器人、市政工程机器人和其他行业机器人。

根据特种机器人使用的空间（陆域、水域、空中、太空），可将特种机器人分为地面机器人、地下机器人、水面机器人、水下机器人、空中机器人、空间机器人和其他机器人。特种机器人是近年来得到快速发展和广泛应用的一类机器人，在我国国民经济各行业均有应用。

7.2　机器人发展简史

7.2.1　世界机器人发展史

1954 年，美国的乔治・迪沃（George Devol）申请了第一个机器人专利，并把该机器人命名为尤尼梅特（Unimate），如图 7-2 所示，其意思是“万能自动”，并由此建立了第一家制作机器人的公司——Unimation。Unimate 又被称为可编程机器人，其特点是一个机械臂能够运输压铸件并将其焊接到位。这种装置为制造业带来革命性的变化。

20 世纪 60 年代，机器人取得了巨大发展。1961 年，Unimate 开始加入流水线，在装配线上与热压铸机合作，从流水线上取下压铸件焊接到汽车的车身。按照存储在磁鼓上的循序渐进的命令，由于机械臂具有足够的通用性，可以执行各种任务。工业机器人的出现，彻底改变了制造业。1965 年，美国麻省理工学院研制出了第一个具有视觉传感器，能识别和定位简单积木的机器人系统。1966 年，第一个真正的可移动和感知的机器人沙基（Shakey）诞生。Shakey 有轮子，其以笨拙、缓慢、摇摇晃晃著称。Shakey 配备了摄像头和碰撞传感器，可以在复杂的环境中导航。Shakey

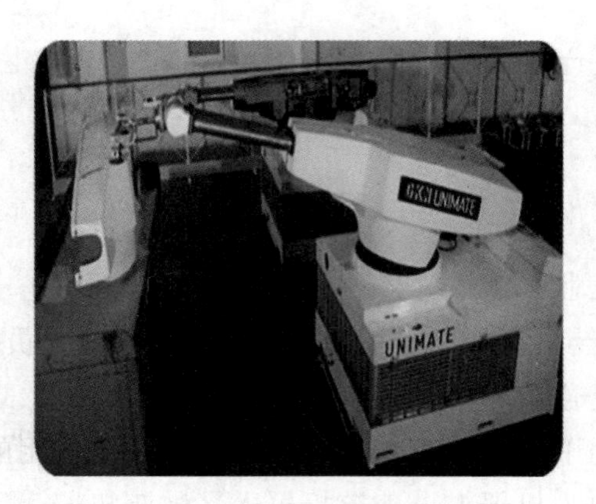

图 7-2 乔治・迪沃制造出的 Unimate

被认为是机器人革命的开始，该项目结合了机器人学、计算机视觉和自然语言处理的研究。正因为如此，Shakey 也被认为是第一个将逻辑推理和物理行为相结合的项目。1967 年，日本成立人工手研究会，并召开日本首届机器人学会，人工手研究会后改名为仿生机构研究会。

1969 年，美国斯坦福大学的工程师维克多・舍曼（Victor Sherman）发明了斯坦福臂，这是一种六轴关节机器人臂，被认为是第一批完全由计算机控制的机器人之一。这是一个机器人历史上巨大的突破，虽然斯坦福臂主要用于教育领域，但其特性“计算机控制”标志着工业机器人的重大突破。

1970 年，日本早稻田大学建造了第一个拟人机器人 Wabot-1（见图 7-3），它由

图 7-3 第一个拟人机器人 Wabot-1

肢体控制系统、视觉系统和会话系统组成，可以自行导航和自由移动，甚至可以测量物体之间的距离。它的智力与18个月大的人类相当，标志着人形机器人技术的重大突破。

1973年，德国库卡公司发布了Famulus，这是第一个具有六个机电驱动轴的工业机器人，年产量达到1万台，所产机器人广泛应用在各个领域。1974年，美国辛辛那提·米拉克龙公司开发出第一台由微型计算机驱动的工业计算机——明日工具T3。1975年，瑞典ABB公司研发出第一台全电控机器人IRB6。1976年，机器人Viking 1和Viking 2登陆火星。这两个机器人都是由放射性同位素热电发电机提供动力的，该发电机利用衰变钚释放的热量发电。它们是我们今天所知道的火星漫游者的先驱。

20世纪80年代，机器人正式进入主流消费市场，尽管大部分都是简单的玩具。其中最受欢迎的机器人玩具是OmniBot2000，由远程控制，配备了一个托盘，用于提供饮料和零食。另一个备受追捧的机器人玩具是任天堂的R.O.B。R.O.B是任天堂娱乐系统的机器人播放器，它可以响应六个不同的命令，这些命令通过CRT屏幕进行通信。1989年，由美国麻省理工学院的研究人员制造的六足机器人成吉思汗（Genghis）被认为是现代历史上最重要的机器人之一。由于Genghis体积小、材料便宜，被认为缩短了生产时间和未来空间机器人设计的成本。它有12个伺服电动机和22个传感器，可以穿越多岩石的地形。

20世纪90年代初，机器人带着被称为电脑刀的CyberKnife系统进入了手术室，该系统可以通过外科手术治疗肿瘤。CyberKnife由美国斯坦福大学神经学教授阿尔弗雷德·阿德勒（Alfred Adler）开发，是一种非侵入性手术工具，可以通过窄聚焦的辐射束跟踪和定位肿瘤。1996年，Sojourner成为第一个被送到火星的漫游者。这台小巧轻便的机器人被送到火星上，并于1997年7月成功着陆。在火星上，Sojourner探索了2691ft^2（250m^2）的土地，拍摄了550张照片。基于Sojourner收集到的信息，科学家们能够确定火星曾经拥有温暖湿润的气候。这次任务是美国国家航空航天局重新开始火星任务的标志。1997年，IBM公司开发的“深蓝”计算机经过六场比赛，成为世界上首个击败世界国际象棋冠军卡斯帕罗夫的机器。

2000年，美国麻省理工学院的辛西娅·布雷泽尔（Cynthia Breazeal）发明的能够识别和模拟情绪的机器人Kismet进入公众视野。同年，日本本田公司的阿西莫（ASIMO）机器人出现，它是一个人工智能的仿人机器人，高约1.3m，能够像人一样快速行走，可以在餐厅为顾客送托盘，与人手牵手一起行走，识别物体，解释手势，辨别声音。2005年，波士顿动力公司与福斯特·米勒公司、喷气推进实验室和哈佛大学合作创建了一款四足机器人波士顿动力狗，或称“BigDog”。它被设计成一种军用负重机器人，身体上有50个传感器。BigDog不使用轮子，而是使用四条腿进行运动，从而使它可以在难以通行的复杂地形移动穿越。BigDog 被称为"世界上最雄心勃勃的腿式机器人"，它可以携带 150kg 负重，以时速 6.4km 的速度，与士兵一起、在 35°的斜坡上穿越崎岖的地形。

21 世纪 10 年代，机器人发展更为迅猛，产生了许多令人惊喜的产品。在 2011 年，IBM 公司的"沃森"计算机系统诞生，它能够回答以自然语言提出的问题，并于 2 月 16 日，在美国最受欢迎的智力竞猜电视节目《危险边缘》中，击败该节目中两位最成功的选手，夺得 100 万美元大奖，成为《危险边缘》节目的新王者。2015 年，在美国加州大学伯克利分校的一个实验室里，人形机器人 Brett 教会自己做儿童拼图游戏，如把钉子塞进不同形状的洞里。Brett 机器人利用基于神经网络的深度学习算法，以试错方式主动学习。如图 7-4 所示，2016 年 3 月 9 日至 15 日，在韩国首尔进行的计算机与人类之间的围棋比赛中，谷歌 DeepMind 的 AlphaGo 以 4∶1 的结果战胜围棋九段棋手李世石。2017 年 10 月，由汉森机器人公司制造的机器人索菲亚获得沙特阿拉伯公民身份，成为第一个获得国家公民身份的机器人。2018 年 1 月 22 日，位于西雅图的首个无人零售店 Amazon Go 向公众开放。2019 年，美国麻省理工学院推出的猎豹（Cheetah）机器人，弹性十足，脚部轻盈，可与体操运动员媲美。

图 7-4 AlphaGo 以 4∶1 战胜棋手李世石

7.2.2 我国机器人发展史

尽管机器人的主流市场仍被国外占据，但经过 20 多年的努力发展，我国的机器人产业也初具规模。我国机器人产业发展过程大致可以分为三个阶段。

1）20世纪70年代的萌芽期。1972年我国开始研制自己的机器人，“七五”期间，国家投入资金，组织科研队伍，开展对机器人及其零部件的研发攻关，完成了工业机器人成套技术的研发，研制出了喷涂、点焊、弧焊和搬运机器人。

2）20世纪80年代的开发期。1986年国家高技术研究发展计划（863计划）开始实施，智能机器人的研究目标是跟踪世界机器人研究前沿技术，经过20多年的研究，取得了一大批研究成果，成功研制了一批特种机器人和工业机器人。

3）20世纪90年代至今的实用期。21世纪，我国的机器人经历了模仿、自主研发和创新三个阶段，取得长足的进步，先后研制出装配、切割、重载等各种用途的机器人，并实施了一批机器人重点工程，在全国形成了40多个机器人产业化基地，尤其是长三角、珠三角及京津冀地区，是机器人产业园集聚之地。

预计我国机器人产业将继续保持快速增长态势，高附加值产品销量不断提升，应用领域不断拓展。但同时，我国机器人产业也存在核心零部件尚待突破、企业经营压力较大、专业人才缺口较大、标准体系有待进一步健全等问题。因此，今后将在完善政策扶持体系、提升自主创新能力、完善人才队伍建设、加强行业规范管理、拓宽投融资渠道等方面继续发力。

7.3 机器人的构成

7.3.1 机器人的手：机械臂

机械臂是一个具有高精度、多输入多输出、高度非线性、强耦合等特性的复杂系统。因其独特的操作灵活性，已在工业装配、安全防爆等领域得到广泛应用。机械臂这个复杂系统，存在着参数摄动、外界干扰及未建模动态等不确定性。因而机械臂的建模模型也存在不确定性，对于不同的任务，需要规划机械臂关节空间的运动轨迹，从而级联构成末端位姿。

1. 机械臂的分类

机器人系统一般由传感器、机械臂及主控计算机组成。机械臂包括模块化机械臂和灵巧手两部分，如图7-5所示。

机械臂按用途可以分为如下四种。

1）搬运机械臂。这种机械臂用途广，一般只需点位控制，即被搬运零件无严格的运动轨迹要求，只要求始点和终点位姿准确，如机床上用的上下料机械臂、工件

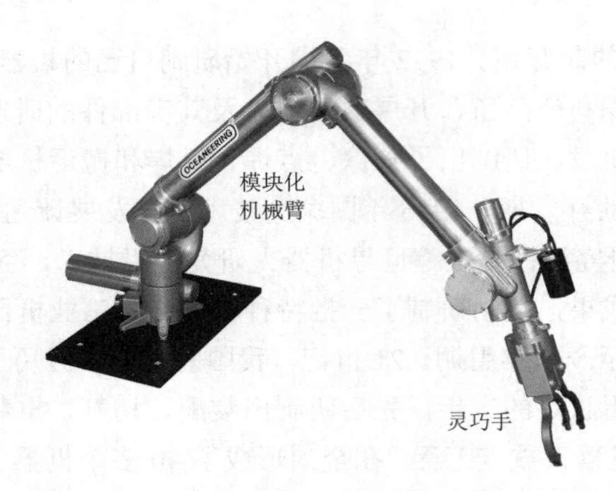

图 7-5　机械臂的组成

堆垛机械臂、注塑机配套用的机械臂等。

2）喷涂机械臂。这种机械臂多用于喷漆生产线，重复位姿精度要求不高。但由于漆雾易燃，一般采用液压驱动或交流伺服电动机驱动。

3）焊接机械臂。这种机械臂是目前使用最多的一类机械臂，又可以分为点焊和弧焊两类。点焊机械臂负荷大，大多用于机电产品的装配作业。

4）抓取机械臂。这种机械臂能够获取目标物体以及机械臂各关节在三维空间中的位置，结合几何运动学和数据训练方法实现机械臂自主抓取目标物体。抓取机械臂动作灵活、运动惯性小、通用性强，能抓取靠近机座的工件，并能绕过机体和工作机械之间的障碍物进行工作。为了抓取空间中任意位置和方位的物体，需有 6 个自由度。

除此之外，还有专门用途的机械臂，如医用护理机械臂、航天用机械臂以及排险作业机械臂。

机械臂中的灵巧手（见图 7-6）是一种智能型通用机械手，它的外形类似人手，自由度多，具有与人手类似的操作能力，既能稳定抓持形状各异的物体，又能对其进行灵活操作，如执行精细抓取操作，抓取易碎物体等。完成这些操作要求灵巧手具有位置力检测、温度以及触/滑等感知能力。同时，由于工作环境的不确定性，要求灵

图 7-6　灵巧手

巧手具有一定的抗干扰能力，以保证对物体的有效抓取，这些均对灵巧手控制系统的性能提出了严格要求。其潜在的用途包括在极限或有害环境下替代人类执行任务，如太空、水下及核辐射环境等，或应用于在服务、娱乐等领域，集成于人形机器人系统。

由于机械臂在生产中的大量运用，使得人们的生产率有了大幅的提高，同时也改善了人类的工作环境，让人们的生活变得越来越智能化。

2. 机械臂的应用

机械臂可以应用在工业领域，如特斯拉汽车的组装线由许多的机械臂组成，可以完成焊接、铆接、黏合、安装零件等工作。配备的摄像头引导机械臂以几乎万无一失的准确率挑出各自组装所需要的零件。这些机械臂可在毫米级别精度绕线，将像牙签一般粗细的转轴配入细孔中，捡起并装配细微的塑料齿轮，卡入塑料零件。

机械臂也可以应用在娱乐服务领域，如欧姆龙公司开发的可与真人对战的人工智能乒乓球机器人——Forpheus（见图 7-7），可以让你产生一种棋逢对手的感觉。Forpheus 采用了五轴电动机系统来执行移动和挥拍的操作，它的“大脑”即运动控制器可以告诉机器如何击球，在 1/1000s 的时间内做出反馈。该系统的识别精度很高，能够洞悉你的挥拍、击球点，然后将误差控制在 0.1mm 内。它不只能简单地接发球，还能完成扣杀球。

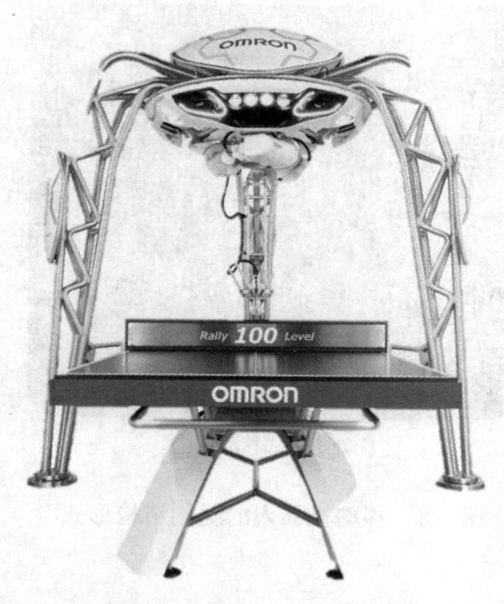

图 7-7　欧姆龙公司开发的可与真人对战的人工智能乒乓球机器人 Forpheus

7.3.2　机器人的腿

机器人的行走方式可分为固定式轨迹和无固定式轨迹两种。固定式轨迹主要用于工业机器人，它是对人类手臂动作和功能的模拟和扩展；无固定式轨迹用于具有移动功能的移动机器人，它是对人类行走功能的模拟和扩展。

1. 机器人腿的结构形式

移动机器人的腿的结构形式主要有车轮式移动结构、履带式移动结构、步行式移动结构，如图 7-8 所示。此外，还有步进式移动结构、蠕动式移动结构、混合式移动结构和蛇行式移动结构等，适合于各种特殊的场合。以下是对几种主要结构形式的详细介绍。

（a）车轮式移动结构

（b）履带式移动结构

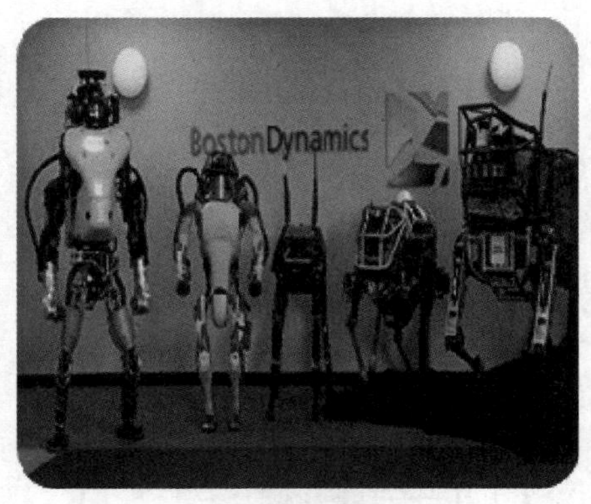

（c）步行式移动结构

图 7-8　移动机器人的腿的结构形式

（1）车轮式移动结构

车轮式移动结构如图 7-8（a）所示，采用这种结构形式的机器人能通过轮子的驱动进行移动和工作。虽然其运动稳定性与路面的路况有很大关系，但是由于其具有自重轻、承载大、机构简单、驱动和控制相对方便、行走速度快、工作效率高等特点，从而被广泛应用。

（2）履带式移动结构

履带式移动结构如图 7-8（b）所示。履带式移动结构的最大特点是将圆环状的无限轨道履带卷绕在多个车轮上，使车轮不直接与路面接触。履带可以缓冲路面地形，因此可以使采用这种结构形式的机器人在各种路面条件下行走。履带式移动结构具有如下特点：支承面积大，接地比压小（接地比压指和地面接触物体的单位面积上所承受的垂直载荷）；适合松软或泥泞场地作业，下陷度小、滚动阻力小、越野机动性能好，爬坡、越沟等性能极强；履带支承面上有履齿，不易打滑，牵引性能好，有利于发挥较大的牵引力；转向半径极小，可以实现原地转向；结构复杂、重量大、运动惯性大、减震性能差、零件易损害。

（3）步行式移动结构

步行式移动结构如图 7-8（c）所示。与采用车轮式移动结构的机器人相比，采用步行式移动结构的机器人的最大优点是其对行走路面的要求很低，不仅能在平地上步行，而且能在凹凸不平的地面上步行，可跨越沟壑、上下台阶，可用于工程探险勘测或军事侦察等人类无法完成的以及危险环境下的工作；也可用于开发娱乐机器人或家用服务机器人，具有广泛的适应性。步行式移动结构的主要设计难点是机器人跨步时自动转移重心而保持平衡的问题。主要的控制特点是使机器人的重心保持在与地面接触的脚掌上，一边不断取得准静态平衡，一边稳定地步行。为了能变换方向和上下台阶，结构特点上一定要具备多自由度。

2. 仿人机器人的工作原理

通过模仿人的形态和行为而设计制造的机器人就是仿人机器人，一般分别或同时具有仿人的四肢和头部。

仿人机器人和人类一样有髋关节、膝关节和足关节。机器人中的关节一般用“自由度”来表示。一个自由度表示一个运动，或者向上，或者向下，或者向右，或者向左。日本仿人机器人有 26 个自由度，分散在身体的不同部位。其中，脖子有 2 个自由度，每条手臂有 6 个自由度，每条腿也有 6 个自由度。腿上自由度的数量是根据人类行走、上下楼梯所需要的关节数研究出来的。

仿人机器人是怎么行走的呢？让我们一起来学习仿人机器人的动作原理。行走对于人类而言是再简单不过的事情了，而对于仿人机器人却不是件容易的事。尤其是两足行走的仿人机器人，是相当不稳定的。这是仿人机器人研发的一大挑战，不仅是因为仿人机器人要努力完成挑战任务，而且摔倒会损坏这些非常昂贵的机器。

仿人机器人在行走中最重要的是它的调节能力。除了能像正常人类一样步行之外，还要能对在行走过程中遇到的情况进行自我调节。比如，仿人机器人在行走过程中被人推了一下，能快速对这些情况进行及时处理，并进行相应的姿态调节，以确保能继续正常行走。

当仿人机器人行走时，它将受到地球引力以及加速或减速行进所引起的惯性力的影响，这些力的总和称为总惯性力。当仿人机器人的脚接触地面时，它将受到来自地面反作用力的影响，这个力称为地面反作用力。所有这些力都必须被平衡掉，才能实现行走。仿人机器人的控制目标就是要找到一个姿势能够平衡掉所有的力，这个姿势所对应的受力情况称作零力矩点（zero moment point，ZMP）。“零力矩点”是判定仿人机器人动态稳定运动的重要指标，ZMP 落在脚掌的范围里面，则机器人可以稳定地行走。

当仿人机器人在保持最佳平衡状态的情况下行走时，轴向目标总惯性力与实际地面反作用力相等。

当仿人机器人失去平衡有可能跌倒时，如图 7-9 所示的三个控制系统将起作用，防止其跌倒，并使其保持继续行走的状态。

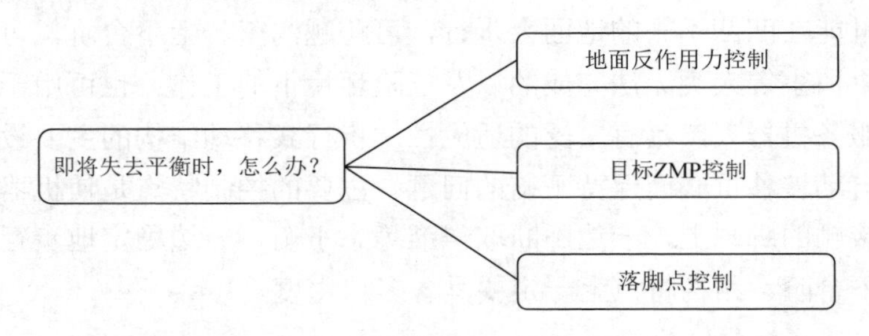

图 7-9　防止跌倒并保持继续行走状态的三个控制系统

以下是对三个控制系统的介绍。

1）地面反作用力控制。脚底要能够适应地面的不平整，同时还要稳定地站住。

2）目标 ZMP 控制。当由于种种原因造成机器人无法站立并开始倾倒时，需要通过控制它的上肢反方向运动来避免即将产生的摔倒，同时还要通过加快步速来平衡身体。

3）落脚点控制。当目标零力矩点控制被激活时，仿人机器人需要通过调节每步的间距来满足当时身体的位置、速度和步长之间的关系。

7.3.3　机器人的大脑

机器人大脑是一个大型运算系统，相当于一个控制系统，如图 7-10 所示，可以通过网络资源、计算机模拟和真实机器人实验，学习和掌握相关信息资源，以帮助机器人识别各种信息，理解人类的语言和行为。比较典型的应用，如苹果手机中的 Siri、服务机器人、智能车载系统以及智能家居等，都离不开机器人大脑。

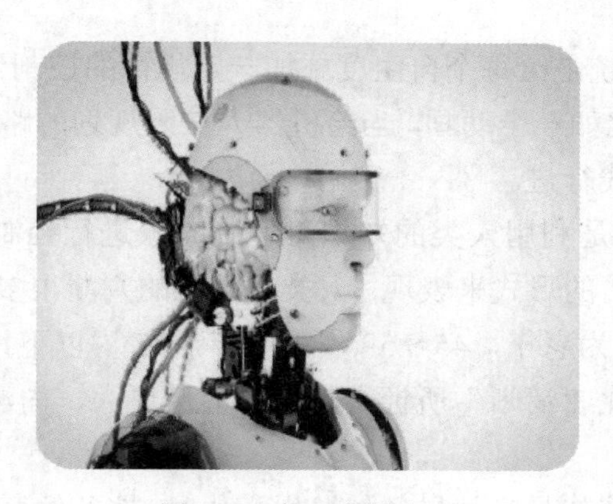

图7-10 机器人的大脑

1. 控制系统的基本要求

机器人控制系统的基本要求如下。

1）实现对机器人的位置、速度、加速度等控制功能，对于连续轨迹运动的机器人，还必须具有轨迹的规划与控制功能。

2）具有方便的人机交互功能，以便让操作人员采用直接指令代码对机器人进行动作指示。

3）要让机器人具有作业知识的记忆、修正和工作程序的跳转功能。

4）具有对外部环境，包括作业条件等的检测和感应功能。主要功能的实现是通过接收来自传感器的检测信号，根据操作任务的要求，驱动机械臂中的各台电机。就像人类活动需要依赖自身的感官一样，机器人的运动控制离不开传感器。机器人的内部传感器信号被用来反映机械臂关节的实际运动状态，机器人的外部传感器信号被用来检测工作环境的变化。

2. 机器人的控制系统

机器人控制系统的任务是根据机器人的作业指令程序及从传感器反馈的信号控制机器人的执行机构，使其完成规定的运动和功能。

如果机器人不具备信息反馈特征，则该控制系统称为开环控制系统；如果机器人具备信息反馈特征，则该控制系统称为闭环控制系统。该部分主要由计算机硬件和控制软件组成。软件主要由人与机器人进行联系的人机交互系统和控制算法等组成。该部分的作用相当于人的大脑。

机器人的控制系统也是在不断发展的，按照智能从低到高的级别，可分为可编程控制系统、模糊控制系统、自适应控制系统、神经网络控制系统、遗传算法控制系统，具体介绍如下。

1）可编程控制系统是给每个自由度施加一定规律的控制作用，机器人就可实现所要求的空间轨迹。比如一个动画，当给机器人按照规划的路线设置程序并运行后，它就会按照既定的路线行进。

2）模糊控制系统是利用人类的知识对控制对象进行控制的一种方法，通常用“if 条件，then 结果”的形式来表现。人类对事物的判断很多是“模糊”的。例如，划分年龄段 60 岁以上为老年，45～59 岁为中年，45 岁以下为青年，这样的判断都是模糊的。“模糊”比“清晰”所拥有的信息容量更大、内涵更丰富，更符合客观世界存在的情况。

3）自适应控制系统就是当外界条件发生变化时，按条件变化可以自行调整参数，使其在新的条件下达到最优控制的系统。例如，汽车灯光会根据天气状态自动调整灯光亮度以达到最好的照明效果。晴天时，汽车灯光是近光灯；当突然下起暴雨，能见度很低时，就会自动调整为远光灯。

4）神经网络控制系统主要是模拟人脑的智能行为，设计对应的学习算法，然后在技术上实现用其解决实际问题。例如，一块白色的芝士和一块黑色的巧克力，人类用眼睛观察颜色就能区别。神经网络控制系统是根据采用的三个参数值，代入搭建好的神经网络，得到一个输出值，如果输出值大于 0，是芝士；如果输出值小于 0，则是巧克力。

5）遗传算法控制系统是一种基于自然选择和群体遗传机理的搜索算法。例如，让使用遗传算法的机器人随机画几万张初始物种种群，有的像石头、树、天空、猪、狗等，接着挑出哺乳类动物的图片，以挑出的图片作为参考，让机器人再画几万张图，结合挑选出的动物器官形态特征，用交叉变异的特性画出猴子、猩猩等灵长目动物，如此反复，能够画出接近真实的人类图片。

7.3.4　机器人的感知系统

高等动物都具有丰富的感觉器官，如眼、耳、鼻、舌、皮肤等，然后通过视觉、听觉、嗅觉、味觉、触觉来感受外界刺激和身体内部的状态，以便获取信息，如天气如何、头是否疼、是不是饿了等。这些内外环境信息被准确、快速地传给我们，我们才能够自如地应对各种变化的环境。智能机器人也需要有这样的感知能力来提高对环境变化的应变能力。智能机器人同样可以通过各种传感器来获取周围环境的信息，传感器对机器人有着必不可少的重要作用。传感器技术从根本上决定着机器人环境感知技术的发展。目前，主流的机器人感知系统的传感器包括视觉传感器、听觉传感器、触觉传感器等，而多种传感器信息的融合也决定了机器人对环境信息的感知能力，下文将介绍几种感知系统。

1. 视觉感知

在前文，详细介绍了机器视觉，机器人的视觉基础就是利用了机器视觉的各种算法。视觉系统具有获取的信息量更多且丰富、采样周期短、受磁场和传感器相互干扰影响小、重量轻、能耗小、使用方便经济等优势，在很多移动机器人系统中备受青睐。实现视觉感知的视觉传感器将景物的光信号转换成电信号，如图 7-11 所示。目前，用于获取图像的视觉传感器主要是数码摄像机。在机器人视觉传感器中主要有单目摄像机、双目摄像机与全景摄像机三种。

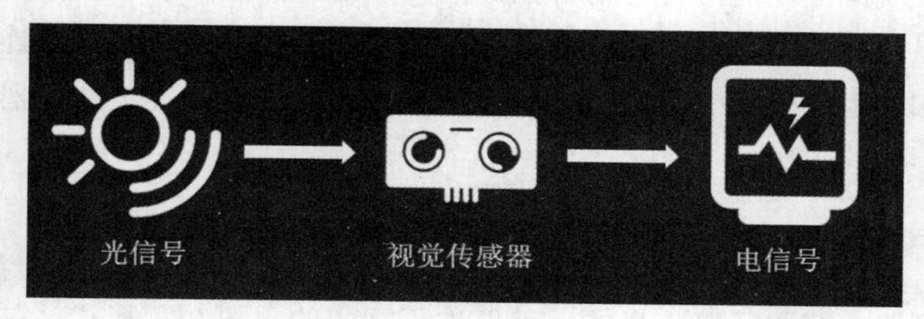

图 7-11　视觉感知

单目摄像机对环境信息的感知能力较弱，获取的只是摄像头正前方小范围内的二维环境信息；双目摄像机对环境信息的感知能力强于单目摄像机，可以在一定程度上感知三维环境信息，但对距离信息的感知不够准确；全景摄像机对环境信息感知的能力强，能在 360° 范围内感知二维环境信息，获取的信息量大，更容易表示外部环境状况。

为了获取机器人所处环境的三维信息，很多移动机器人装备了 RGB-D（红绿蓝-深度）传感器，就是 1 台彩色摄像机与 1 个红外测距传感器。彩色摄像机获得平面信息，如物体的形状、颜色等，红外测距传感器获得物体与机器人的距离。几种数据结合使用，能够达到较好的定位和导航效果，帮助机器人走路和避障。

视觉传感器的缺点是感知距离信息差，很难克服光线变化及阴影带来的干扰，并且视觉图像处理需要较长的计算时间，图像处理过程比较复杂，动态性能差，因而很难适应实时性、要求高的作业。

2. 听觉感知

听觉是机器人识别周围环境很重要的感知能力，尽管听觉定位精度比视觉定位精度低很多，但是听觉有很多其他感官无可比拟的优势。听觉定位是全向性的（见图 7-12），听觉传感器阵列可以接收空间中的任何方向的声音。机器人依靠听觉可以在光线很暗的环境中工作，通过声源定位和语音识别完成任务，这是依靠视觉不能实现的。

图 7-12　听觉感知

目前，听觉感知还被广泛应用于非接触感受和解释气体、接触感受液体或固体中的声波，实现此类功能的传感器称为声波传感器。声波传感器按其复杂程度、应用场景，可以从简单的声波存在检测到复杂的声波频率分析，直到对连续自然语言中单独语音和词汇的辨别。总之，无论是在特种机器人还是在工业机器人中，听觉感知都有着广泛的应用。

3. 触觉感知

触觉是机器人获取环境信息的一种仅次于视觉的重要知觉形式，是机器人实现与环境直接作用的必需媒介。与视觉不同，触觉本身具有很强的敏感能力，可直接测量对象和环境的多种性质特征，因此触觉不只是视觉的一种补充。如图 7-13 所示，机器人触觉基本上是模拟人的感觉，广义地说，它包括接触觉、力觉、压觉、滑觉、冷觉和热觉等与接触有关的感觉；狭义地说，它是机械臂与对象接触面上的力感觉。实现触觉感知的传感器称为触觉传感器。机器人触觉能达到的某些功能具有其他感觉难以替代的特点。与机器人视觉相比，许多功能为触觉独有，如感知物体表面的软硬程度。触觉融合视觉可为机器人提供可靠而精准的知觉系统。

图 7-13　触觉感知

机器人主要通过传感器来感知周围的环境，但是每种传感器都有其局限性，单一传感器只能反映部分环境信息。为了提高整个系统的有效性和稳定性，进行多传感器信息融合已经成为一种必然的要求和趋势。现阶段研究的移动机器人只具有简单的感知能力，通过传感器收集外界环境信息，并通过简单的映射关系实现机器人的定位和导航行为。智能移动机器人不仅要具有感知环境的能力，而且还需要具有对环境认知、学习、记忆的能力。未来研究的重点是具有环境认知能力的移动机器人，并且运用智能算法等先进的手段，通过学习逐步积累知识，使移动机器人具有更高的智能水平，能完成更加复杂的任务。例如，成为人类的助手，共同完成艰巨的任务。

7.4 机器人三定律与人工智能伦理

7.4.1 机器人三定律

人类对机器人总是抱有复杂的情感，这在很多人工智能或机器人相关的电影中被渲染得淋漓尽致。机器人问世后，人类惊羡它们强大的计算能力的同时，却又忧虑它们对人类的威胁。这一度导致反机器人者急剧增加，但是人类文明的进步离不开机器人的协助，利弊同在的情况下，不得不制定一些机器人规则，因此闻名于世的机器人三定律问世了。根据机器人三定律的提出者，美国科幻小说家艾萨克·阿西莫夫（Isaac Asimov）所写小说改编的电影《机械公敌》（见图 7-14）对机器人三定律有所展现。

图 7-14 电影《机械公敌》片段

机器人三定律如下。

第一定律：机器人不得伤害人类个体，或者目睹人类个体将遭受危险而袖手旁观。

第二定律：机器人必须服从人类给予它的命令，当该命令与第一定律冲突时除外。

第三定律：机器人在不违反第一定律、第二定律的情况下要尽可能保护自己的生存。

三定律不仅在科幻小说中大放光彩，也具有一定的现实意义。在三定律基础上建立新兴学科“机械伦理学”，旨在研究人类和机械之间的关系。虽然截至目前，三定律在现实机器人工业中没有应用，但很多人工智能和机器人领域的技术专家也认同这个定律，随着技术的发展，三定律可能成为未来机器人的安全准则。

机器人三定律可以认为是作为造物者的人类与他们的创造物机器人签订的一份不平等条约，但是纯粹理性的三定律真的能约束机器人吗？其中最简单的问题是：“不伤害人类”如何定义呢？比如用伦理问题中的一个典型问题“电车难题”去测试，机器人三定律就会显得捉襟见肘。

如图 7-15 所示，“电车难题”是伦理学领域最为知名的思想实验之一，其内容是：一个疯子把四个无辜的人绑在电车轨道上。一辆失控的电车朝他们驶来，并且片刻后就要碾压他们。你可以拉一个拉杆，让电车开到另一条轨道上。但是还有一个问题，那个疯子在另一条轨道上也绑了一个人。考虑以上状况，你应该拉拉杆吗？这是一个大多数人都难以回答的问题，因此让被设计为遵守机器人三定律的机器人去处理这样的伦理问题就更为困难。电影《机械公敌》也有类似的情况发生：主人公斯普纳与一个 12 岁的小女孩因为车祸而落入水中，情况十分危急，当时的情况是机器人只能挽救一个人的生命，机器人根据情况进行了精确的数学计算而决定挽救生还概率更高的主人公斯普纳。这不禁让人深思。

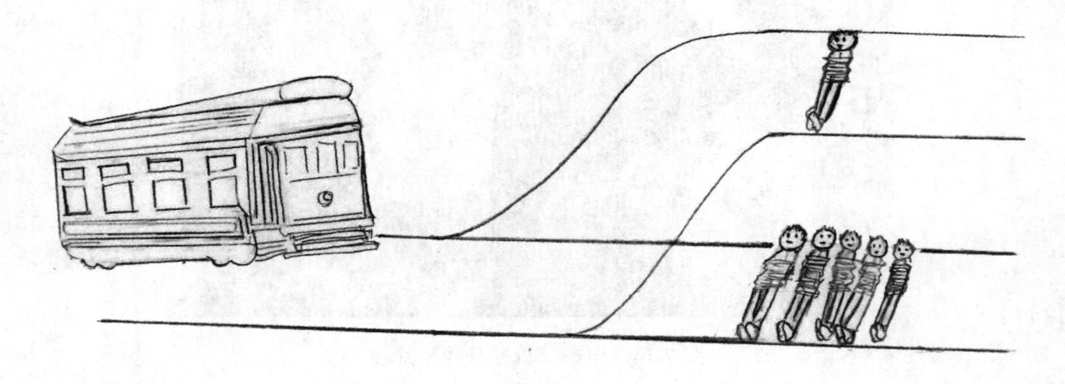

图 7-15 “电车难题”伦理问题

7.4.2 人工智能伦理

人工智能的持续进步和广泛应用带来的好处将是巨大的，但是，为了让人工智能真正有益于人类社会，也不能忽视人工智能背后的伦理问题。现在的人工智能研究主要是工程师在参与，缺乏哲学、伦理学、法学等其他社会学科人员的参与，未来的人工智能伦理测试亟须加强跨学科研究。

现阶段，人工智能在快速发展，人类在一些完全信息博弈领域已经落后于人工智能，因此对人工智能进行伦理测试就显得尤为重要，包括道德、隐私、正义、安全、责任等。我们不能忽视人工智能背后存在的许多伦理问题。

1. 算法歧视

首先是算法歧视。可能人们会说，算法是一种数学表达，是很客观的，不像人类那样有各种偏见、情绪，容易受外部因素的影响，怎么会产生歧视呢？事实上，认为算法可以在人类社会的各种事务和决策工作中体现完全客观性只不过是一厢情愿。无论如何，算法的设计都是编程人员的主观选择和判断，他们是否可以不偏不倚地将既有的法律或者道德规则原封不动地编写进程序，是值得怀疑的。例如，亚马逊平台的搜索算法在2020年被曝存在算法歧视，在亚马逊的推送算法中，只会对女性消费者推送一些家庭清洁产品，当测试人员将账号切换成男性消费者时，就不会收到这些产品的推送。

随着算法决策越来越多，算法歧视将会至少带来两个方面的危害：一方面，如果将算法应用在犯罪评估、信用贷款、雇佣评估等关系到人身利益的场合，一旦产生歧视，必然危害个人权益；另一方面，深度学习是一个典型的“黑箱”算法，要在系统中发现是否存在歧视以及歧视的根源所在，在技术上实现是比较困难的。算法歧视由此成为一个需要正视的问题。规则代码化带来的不透明、不准确、不公平、难以审查等问题，需要认真思考和研究。

2. 隐私忧虑

很多人工智能系统需要大量的数据来训练学习算法。数据已经成为人工智能时代的“新石油”，这就会带来新的隐私忧虑。一方面，如果在训练过程中使用大量敏感数据，如医疗健康数据，这些数据可能会在后续被披露，对个人的隐私会产生影响；另一方面，考虑到各种服务之间大量交易数据的频繁流动，数据已经成为新的流通物，在这种情况下可能削弱个人对其个人数据的控制和管理。

3. 责任与安全

从阿西莫夫提出的机器人三定律到2017年阿西洛马会议提出的23条人工智能原则，AI安全始终是人们关注的一个重点，英国物理学家斯蒂芬·霍金（Stephen Hawking）、美国著名计算机工程师埃里克·施密特（Eric Schmidt）等之前都警告强人工智能或者超人工智能可能威胁人类生存。目前，美国、英国、中国等都在着力推进对自动驾驶汽车、智能机器人的安全监管。此外，安全往往与责任相伴，比如智能汽车、智能机器人造成人身、财产损害时，由谁来承担责任等都是很难界定的问题。

4. 机器人的权利

机器人的权利，即如何界定机器人的人道主义待遇。目前，智能机器人越来越强大，它们在人类社会扮演着什么样的角色呢？智能机器人在法律上到底是什么？这些问题在电影《人工智能》中表现得非常明显，大家不妨带着这个问题到这部电影中去找答案。

总而言之，对于人工智能的伦理需要加强研究。因为在某种意义上已经不是在制造一个被动的简单工具，而是在设计像人一样具有感知、认知、决策能力的事物，可以称其为“更复杂的工具”。需要确保这样的复杂工具进入人类社会以后，要和人类的价值规范及需求相一致。

7.5 典型工业机器人

7.5.1 火花中的生产者：焊接机器人

焊接是生产中比较有观赏性的一道工序。随着焊枪的起起落落，一束束火花喷射而出，像烟花一样耀眼夺目。但同时，焊接作业会对工人的健康构成一定的威胁。即便是穿上厚重的防护服、戴上保护面罩，长期接触飞溅的火花和燃烧产生的气体也会对人的视力和呼吸系统产生不小的影响，引发一系列疾病。

焊接机器人的出现彻底改变了这种局面。相对于人工焊接，机器人焊接具有焊接质量好、工作效率高、焊接过程稳定性强等优势，而且还可以把工人从充满隐患的工作环境中解放出来。不同种类的焊接机器人的基本结构类似，都是由本体、计算机控制系统、示教盒和相应的焊接切割系统组成的。

点焊机器人是用于点焊自动作业的工业机器人，对灵活性的要求比较高，通常需要六个自由度，即腰转、大臂转、小臂转、腕转、腕摆及腕捻。弧焊机器人能够在计算机的控制下实现连续轨迹控制和点位控制，完成焊接任务，而且焊接效率高、稳定性强，可长期进行焊接作业。我国在 20 世纪 80 年代研制出第一台弧焊机器人——“华宇Ⅰ型”（HY-Ⅰ型），如图 7-16 所示。

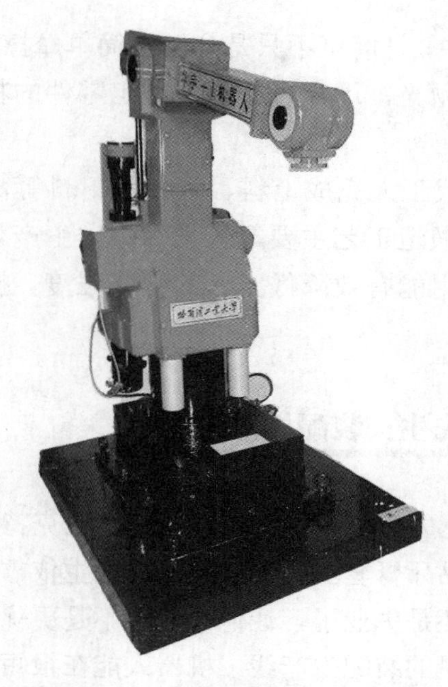

图7-16 “华宇Ⅰ型”弧焊机器人

目前，焊接机器人占工业机器人装机总量的45%以上，主要应用在汽车制造和机械装备加工领域，市场潜力巨大。就像裁缝为我们缝制衣物一样，这些火花中的生产者通过灵活的手臂，也在帮助人类“编织”着一件件精美的工业产品。

7.5.2 工厂中的整容高手：塑形机器人

在制造业中，当需要对原材料和零部件进行整形加工时，塑形机器人就可以上场了。塑形机器人主要用于零部件外形塑造和加工，能在航空航天、机械加工等领域大显身手。常见的塑形机器人主要有打磨机器人和锻造机器人，如图7-17所示。

（a）打磨机器人

（b）锻造机器人

图7-17 塑形机器人

在实际的生产过程中，打磨可不只是拿砂纸简单摩擦一下。打磨机器人可对各种零件进行表面加工和抛光，用户可根据被加工零件的粗糙度配置不同的机体和磨头。

锻造机器人用来替代工人完成上料、翻转、下料等高危险、高强度、简单重复的锻造工序。传统的锻造工艺主要靠人力完成，生产效率较低，产品质量也不稳定。锻造机器人的应用能有效降低工人的劳动强度，提高生产自动化程度和生产效率。

7.5.3 可怜的巴克特先生：装配机器人

在电影《查理和巧克力工厂》中，查理的父亲巴克特先生在一家牙膏厂工作，负责给生产线上的半成品牙膏套上旋盖。巴克特先生依靠这个工作赚取微薄的收入养活一家老小，然而他还是失业了。让他失业的不是更优秀的工人，也不是粗暴的老板，而是现代化工厂里的装配生产线。机器人能在很短的时间内完成巴克特先生一天的工作量，所以工厂就不再需要巴克特先生了。

在装配这个劳动力密集型的生产工序中，机器人为传统生产模式带来了颠覆性的变革。大量工人坐在一起完成简单重复工作的情形已经不复存在，取而代之的是一只只繁忙的机械手臂。在汽车制造、机电加工、电子产品制造等领域，装配机器人正在热火朝天地发挥着它们的才能。

从用途角度，装配机器人可以分为组装机器人和包装机器人，如图 7-18 所示。

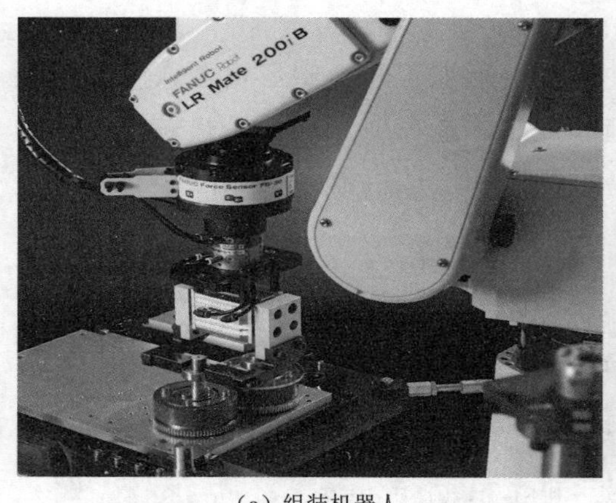

（a）组装机器人

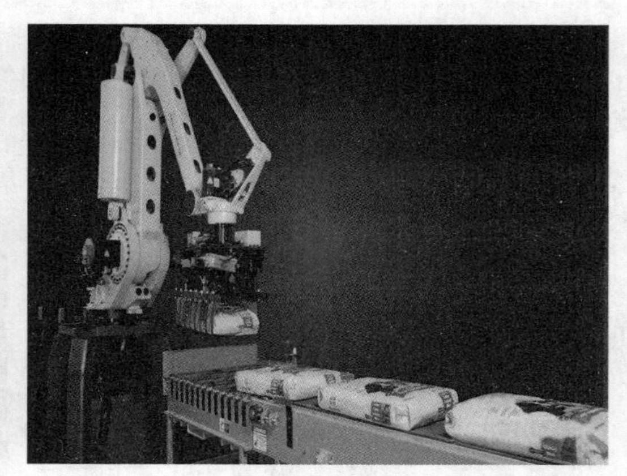

（b）包装机器人

图 7-18　装配机器人

组装机器人是自动化生产线上的关键设备，目的是对零部件进行装配和组合，能与其他系统配套使用。

实际生产过程中的打包、封口、装箱等工序都可以由包装机器人完成。相比于传统的人工操作，包装机器人既提高了包装的效率和质量，又能完成一些手工包装无法实现的任务，如真空包装、充气包装等。例如，超市中的“无菌灌装”牛奶，就是由多功能包装机器人在灭菌环境下完成充装封口的。

由于智能制造的出现，现实中还有许许多多的“巴克特先生”在机器人的“逼迫”下离开熟悉的工作岗位。但是可怜的“巴克特先生”们无须难过，与其唉声叹气地抱怨，不如抓紧时间去学习如何操作这些机器人，让机器为人类创造更多的价值。

7.5.4 勤勤恳恳的装卸工：搬运机器人

东西搬不动，机器人来帮你。在工厂中，需要不断地把沉重的物料、零部件和产品运输到不同的地点，而搬运机器人正是完成这些工作的一把好手。

在自动化生产车间，工人们在车间内行走的时候，需要避让运输物料的自动导引车（automated guided vehicle，AGV）（见图 7-19），它们可是有优先通行权的。自动导引车是一种能够按照设定好的路径，自动行驶或牵引载货台车到指定地点，再用自动或人工方式装卸货物的工业车辆。AGV 具有行动快捷、工作高效、结构简单、安全可控、占地面积小等优点，已广泛应用于仓储、邮局、机场、制造业等行业。

图 7-19　自动导引车

厂房中摆放整齐的一箱箱成品通常是由码垛机器人完成的，如图 7-20 所示。它们的作用是把包装好的产品从生产线上搬运下来，堆码在推盘上，等待运输设备取走。

每年的“双 11”，海量的快递要送往全国各地，物流公司不仅需要准备更大的仓库防止爆仓，也需要迅速准确地对物品进行分拣发送。如果是以前，这项工作必须经过人的检视才能完成。不过现在，分拣机器人可以通过扫描包装上的条形码，对物品的属性和运输目的地进行迅速识别与分类，大大提高了物流效率。如图 7-21 所示，在中国邮政武汉邮件处理中心，智能机器人分拣系统单日处理邮件量突破 60 万件，分拣机器人的出现使得分拣员工减少了 50%～70%，这些分拣机器人不需两班倒，货物分拣更及时、准确。

图 7-20 码垛机器人

图 7-21 分拣机器人

7.5.5 工业产品的喷涂师：喷涂机器人

如今，汽车越来越漂亮，除了时尚的造型设计外，色彩亮丽的车漆也功不可没。以前，车漆的四个漆层全部要由人工完成，由于油漆中含有苯，会严重影响工人的身体健康。现在，有了“工业产品的喷涂师”——喷涂机器人（见图 7-22），才把工人从喷漆的作业环境中解救出来。喷涂机器人是可进行自动喷漆或喷涂其他涂料的工业机器人。由于喷漆操作对灵活性的要求很高，所以机器人本体多采用 5 或 6

自由度关节式结构，腕部一般采用 2 或 3 自由度结构。喷涂机器人具有工作范围大、喷涂质量高、材料使用率高、易于操作与维护、设备利用率高（可达 90%～95%）等优点，现已广泛应用于汽车、仪表、电器等制造行业。

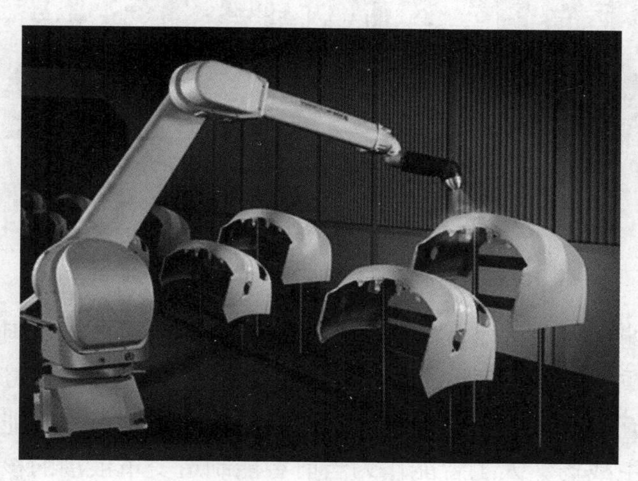

图 7-22　喷涂机器人

7.5.6　人与机器协作生产：协作机器人

协作机器人，顾名思义，就是机器人与人可以在生产线上协同作战，充分发挥机器人的效率及人类的智能。协作机器人可以借助力学传感器感应触碰并停止可能带来伤害的移动，这种机器人不仅性价比高，而且安全轻便灵活，能够极大地促进制造企业的发展。

协作机器人作为一种新型的工业机器人，扫除了人机协作的障碍，让机器人彻底摆脱了护栏或围笼的束缚，如图 7-23 所示。协作机器人的出现改变了人们长期以来对工业机器人形成的固有观念，其开创性的产品性能和广泛的应用领域，为工业机器人的发展开启了新时代。如今世界各大机器人厂商都在加快协作机器人的研发步伐。机器人巨头 ABB 公司推出的新型双臂协作机器人能够轻松应对各种小件的组装任务，如机械手表的精密部件，手机、平板电脑中零件的处理。国产的遨博智能、节卡、达明、大象、艾利特等协作机器人品牌逐渐走进大众视野。遨博智能作为第一批专注协作机器人生产研发的国产品牌，自成立初期便致力于协作机器人的自主研发与多领域应用落地，在工业领域稳定应用后便开行业先河，将协作机器人大规模应用于健康理疗、餐饮零售等领域，并在 2020 年问鼎国内协作机器人行业销量榜首，首次打破了国外企业长期占据协作机器人销量榜首的局面。

图 7-23 协作机器人

国际舆论普遍认为，机器人的研发、制造、应用是衡量一个国家科技创新和高端制造业水平的重要标志。智能制造作为先进制造技术与信息技术深度融合的产物，与人工智能互促互融，人工智能为智能制造的发展奠定基石，智能制造为人工智能的实际应用提供主战场。人工智能作为当前智能制造变革浪潮的核心驱动力，在很大程度上影响着未来社会经济的发展。目前，全球制造业正加速向智能化转型，相信我国的创新发展之路将为各国制造业转型升级贡献中国智慧。

7.6 典型特种机器人

7.6.1 多面小能手：服务机器人

以人工智能理论为基础的智能机器人总能出乎意料地在智力上战胜人类，它的发展水平已经远远超出了人们的想象，智能机器人的发展正朝着替代人类工作的方向不断前行。

《机器人总动员》中的 Wall-E 是一台清扫型服务机器人，它的工作是将垃圾变成正方体，并堆放起来。从 2008 年电影上映至今十余年，服务机器人与人们的生活密切相关，种类越发多样，性能越发优异；而且随着科技的日益发展，人们对智能机器人的预期也越来越高，对智能机器人的需求也越来越广泛。另外，全球人口的老龄化带来大量问题，例如对于老龄人的看护以及医疗问题，这些问题的解决带来大量的财政负担，由于服务机器人所具有的特点使其能够显著地降低财政负担，因此服务机器人被大量地应用。我国在服务机器人领域的研发与日本、美国等国家相比起步较晚。在国家高技术研究发展计划（863 计划）以及诸多政策的支持下，我国在服务机器人研究和产品研发方面已开展了大量工作，并取得了一定的成绩。例如，哈尔滨工业大学研制的导游机器人、迎宾机器人、清扫机器人等；华南理工大学研制的机器人护理床；中国科学院自动化研究所研制的智能轮椅等；百度等研制的教育机器人等。

那么，什么是服务机器人呢？服务机器人是一种半自主或全自主工作的机器人，它能完成有益于人类健康的服务工作。其中具有代表性的有扫地机器人、护理机器人、公共服务机器人、教育机器人等。在这一节，我们要认识和了解几种服务机器人。

1. 扫地机器人

扫地机器人身体小巧轻便，可持续续航，能够在无人照看的情况下自主地为人们打扫卫生，如图 7-24 所示。面对复杂的环境，也能够自主地规划线路，规避障碍，安全可靠地完成打扫任务。扫地机器人的系统可以大致分为四个模块，即移动模块、传感模块、控制模块和真空模块，大多使用毛刷和辅助吸尘器进行清洁。内部装置设有集尘区，用于收集粉尘和垃圾。随着技术的成熟，一部分扫地机器人还安装了清洁布，在完成除尘和垃圾清运后进一步清洁地面。一个小小的机器人可以说集合了机械、电子或者是人工智能等多学科的知识和智慧。目前，扫地机器人已进入寻常百姓家。

图 7-24 扫地机器人

2. 护理机器人

中国已经步入老龄化社会，随着人口老龄化问题的加剧，保姆家政行业问题频出，使得人们对于护理机器人的呼声越发强烈。

图 7-25 所示为以色列 Intuition 机器人公司开发的基于人工智能的“老年机器人伴侣”Elli.Q。Elli.Q 通过机器学习和计算机视觉，能主动和老人进行互动交流，提供娱乐和活动建议，并监测老人的身体健康状况和居住环境。例如，Elli.Q 可提醒

老人定时服药，预约出租车方便出行；提醒老人日常安排，如拜访朋友，并且根据计划提出相关建议，如询问老人去朋友家之前是否需要准备什么，真是贴心的小帮手。

图 7-25 “老年机器人伴侣” Elli.Q

图 7-26 所示为我国伊利诺护理机器人，是一款帮助失能患者轻松护理的智能化产品，能自动感应患者大小便排泄情况，并通过真空水气分离技术进行多级系统处理，实现大小便的自动清洁与烘干，给患者提供 24 小时无人监护的陪伴。

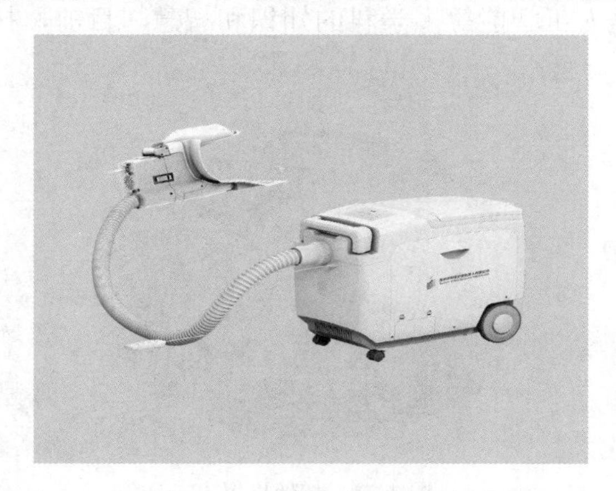

图 7-26 伊利诺护理机器人

此外，还有浙江大学软件学院“大三合创业团队”发明的智能卫生护理机器人，除了能帮助老年人、残疾人和短期行动不便的病人自动清理大小便之外，还能进行按摩护理，有局部的，也有全身的，通过推、拉、揉、捏等动作，防止病人皮肤溃烂、长褥疮。

3. 公共服务机器人

智能公共服务机器人采用“1+N 模式”，即一个后台可同时支撑 5～10 台机器人管理，是一款集听、看、说、走及感应于一体的个性化情感智能服务机器人。同时还拥有人脸识别、语音互动及业务办理等功能，用户可以通过触摸屏、语音等方式与机器人进行人机交互，实现导览、咨询、办理业务、陪护等功能。

公共服务机器人作为机器人行业重要的细分领域，近年来取得了长足的进步和发展，特别在商场、银行、酒店、机场、车站、医院、政务大厅等公共服务领域实现了一系列突破性应用，如图7-27所示。

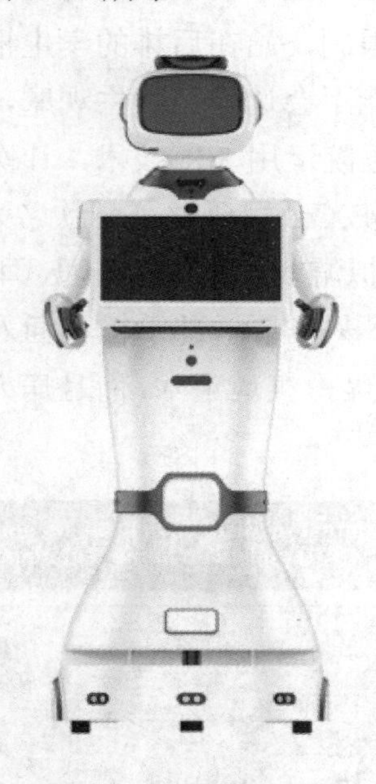

图7-27 公共服务机器人

4. 教育机器人

人工智能的长处在于对大数据进行分析，它能够结合用户的特点获取学生的相关数据，也能分析得出每个学生的优缺点，从而进行更有针对性的练习。通过人工智能技术，教育机器人能检测出学生的思维模式与学习方法，并对学生进行测试，找出学生的易错题，再安排相应的学习内容，简直就是为学生个人定制的一个人工智能教师。

2019年，东北首场教学“人机大战”的最终结果通过第三方测评机构出炉，松鼠AI系统教学组以0.5分优势小胜真人教学组。这是继河南、成都、山东等地举办的“人机大战”战胜真人教学后，松鼠AI的又一次胜利。由此可见，教育机器人的教学实力不容小觑。

传统的化学实验比较费材料，也有一定的危险性。在VR中做实验，既不危险也不浪费材料，想做几次实验就做几次实验，而且实验过程真实性很高。例如，“镁的燃烧”实验，学生们头戴 VR 眼镜，通过控制电子手柄，就可以控制两只虚拟的手拿镊子、夹镁条、点燃镁条，还可以看到镁条点燃后放射出的强光和最终的生成物。现实生活中不可能做或者很难做的实验，都可以让学生们在 VR 世界中亲身体验。

对于医学生来说，他们的“课堂”不仅在教室里，还在医院里。学生们会进入医院，观摩有经验的医生做手术。但即使学生们有观摩手术的机会，也会因为手术室的消毒标准对观摩人数有所限制，站在后排的学生根本看不清手术的进程。不仅如此，有些难度很大的手术可能不会选择让学生观摩，而且再真实的观摩也比不上一次实操。上海交大附属瑞金医院运用 VR 技术，让医学生“身临其境”学习顶尖专家主刀手术。芝加哥的 Level EX 公司研发了一款名为 Airway EX 的手机应用（见图 7-28），这是一款外科手术模拟游戏，为麻醉医师、耳鼻喉科医师、重症监护专家、急诊室医生和肺科医师而设计。只需要一部手机和插入式 VR 眼镜，就可以在真实病患案例身上进行 18 种不同的虚拟气道手术，而且病人会像真实的情况一样有相应的反应，如咳嗽、流血等。

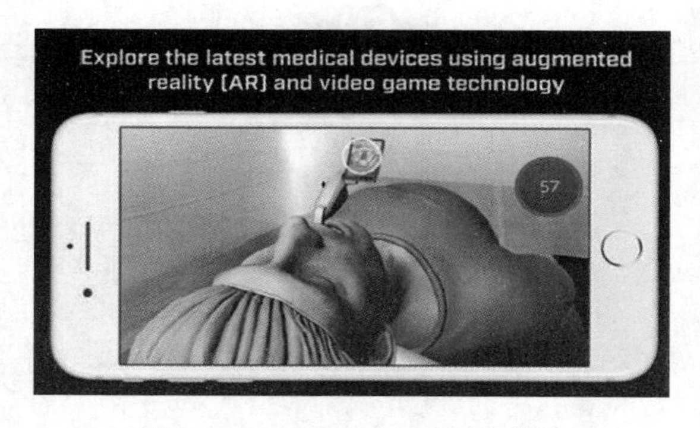

图 7-28 Airway EX 外科手术模拟

服务机器人是机器人家族中的一个年轻成员。服务机器人的应用范围很广。从短期来看，全面化、智能化、市场化将是服务机器人发展的主要方向。也许在未来的某一天，我们能买到一个家政服务机器人，它能像家政人员一样帮助我们完成所有家务。

7.6.2 机甲勇士：军用机器人

从《变形金刚》到《环太平洋》，很多科幻大片都用勇猛的机甲勇士充当主角，燃爆了的机甲勇士身怀“十八般武艺”。那么，现实中的人工智能技术用于军事，离炫酷的科学幻想还有多远？让我们来一睹为快吧。

军用机器人是用于军事领域且具有某种仿人功能的自动机器。在军事领域，智能机器人可以完成物资运输、侦察、搜寻勘探以及实战进攻等任务。在现代战争中，机器人的作用变得越来越重要，许多军事强国（如美国、俄罗斯、德国、英国、中国等）都开展了军用机器人的研发工作。将人工智能技术应用于军事领域，可适应未来“快速、精确、高效”的作战需求。本节将介绍拥有非凡能力的军用机器人，包括战斗车、军用无人机、人形战斗机器人、军舰水下探伤机器人。

1. 战斗车

战斗车可以通过敌我识别自动实施打击、掩护和突袭等军事任务。国外比较典型的有美国的作战机器人系统 MAARS，装配有 40mm 的高爆榴弹和一挺装载 450 发子弹的机枪，火力惊人；以色列军方发布的 Guardium 作战机器人，能够按照预先设定的路线在多座城市独自行驶，替代士兵执行危险任务。

图 7-29 所示为我国研制的侦察机器人，它的大脑是一台高性能的车载人工智能微型电脑，负责处理全部数据、设计行车路线并调整车速、发出控制执行指令等。遍布车身的各种传感器以及车体中后部竖起的柱形侦察桅杆，则是侦察机器人的“眼睛”。由于侦察机器人采用多种降噪和隐蔽手段，因此它在战场上活动目标很小，敌军难以察觉，这为其执行潜伏狙击任务创造了良好条件。它的优势在于侦察距离和精度优于人类，而且更重要的是可以在不惊动被伏击对象的情况下，持续隐蔽地侦察监视目标情况，为出其不意的狙击作战创造了良好条件。

图 7-29 侦察机器人

图 7-30 所示为我国研制的无人作战机器人，它配备有履带式底盘、可旋转遥控枪塔、两个用于探测和感知环境的摄像头和一台 13in 的平板电脑，操作者可在 1000m 范围内控制其行走和攻击。作为步兵的“战友”，无人作战机器人可在战场上预先侦察踩点，或者利用其搭载的武器进行攻击，扫清一些潜藏的威胁目标，可以将其看作一款“察-打一体无人机”，这将彻底重新定义步兵作战。

图 7-30　无人作战机器人

在我国轻武器试验鉴定国家靶场，有这样一个特殊的岗位，兵器试验的炮弹不经它装配、发射，更不经它找回，却需要经由它之手将一枚炮弹送到其终点，这就是“未爆弹药销毁”。执行这项任务的就是“弹药销毁机器人”，如图 7-31 所示，该机器人通过无线或有线的方式遥控载车完成引爆弹药的放置、未爆弹药销毁等作业，通过无线图像传输系统将摄像头捕获的现场视频图像传送到操作台，供指挥员参考，并以此为依据对弹药销毁作业进行实时监控和修正，确保销毁作业百分之百成功。可以说，弹药销毁机器人的出现，除了大大增加爆破作业安全系数之外，也使得未爆弹药销毁由人工走上了机械化的道路。

图 7-31　弹药销毁机器人

排爆机器人具有探测及排爆功能，可广泛应用于公安、武警系统等领域。它由履带复合移动部分、多功能作业机械手、机械控制部分、无线及有线图像数据传输等部分组成。

2. 军用无人机

军用无人机被称为21世纪作战模式的利器。军用无人机具有结构精巧、隐蔽性强、使用方便和性能机动灵活等特点，主要用于战场侦察，电子干扰，携带集束炸弹、制导导弹等武器执行攻击性任务，以及用作空中通信中继平台、核试验取样机、核爆炸及核辐射侦察机等。世界上较为先进的无人机有美国的“捕食者”和隐形无人攻击机X-47B。

2017年2月27日，“翼龙”Ⅱ无人机（见图7-32）在中国西北某高原机场成功首飞，标志着我国已经完全掌握了大型“察-打一体无人机”的关键技术，进入了全球大型“察-打一体无人机”的一流行列。此外，还有攻击Ⅱ型无人机，可携12枚小型导弹，最高时速达370km。“翔龙”系列无人机，其续航时间虽然只有10h，但是作战半径却达到2500km，这意味着“翔龙”的速度非同一般。大型隐身彩虹-7无人机（见图7-33）同时兼顾隐身、高空、高速、长航时等特点，可以在13km高度巡航，这已经在中程地空导弹的最大射高范畴了，一般的近程地空导弹对该机更是毫无威胁。隐身设计使该机难以被雷达或光学仪器发现，可满足未来对称性作战对高端隐身无人作战机的需求。

图7-32 “翼龙”Ⅱ无人机

图7-33 彩虹-7无人机

3. 人形战斗机器人

地面作战机器人不仅限于地面车，随着智能机器人相关技术的不断创新，新的高水平的人形作战机器人也不断涌现。例如，波士顿的人形机器人 Atlas（见图 7-34）为功夫式进化，腾挪跳跃，如履平地。以后“飞檐走壁”“水上漂”或许也可能成为现实。

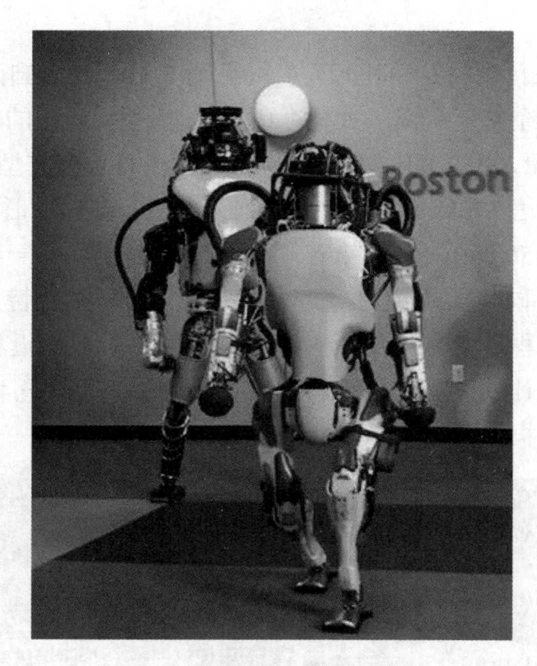

图 7-34 波士顿的人形机器人 Atlas

未来单兵机动力、防护力、进攻力和信息力的发展，必然使得单兵负重不断增加，甚至超出人体承受能力，外骨骼机器人系统便是解决方案之一，可以让普通士兵成为大力士，在后勤支援方面大显身手。为此，很多国家都开始研究能够增强人体负重能力的动力外骨骼设备。例如，美国的 HULC 军用动力外骨骼系统、法国的“大力神”外骨骼系统、俄罗斯的“士兵-21”外骨骼装备等。结合了机械电子、控制、生物、传感、信息融合、材料等技术的外骨骼技术得到前所未有的快速发展。

我国根据昆虫外骨骼的仿生学原理研制而成的单兵辅助负重外骨骼系统，能使人体骨骼的承重减少 50%以上。

在民用领域，外骨骼机器人可以广泛应用于消防、救灾等需要背负沉重物资而装备车辆又无法使用的情况；在医疗领域，外骨骼机器人可以用于辅助残疾人、老年人及下肢肌无力患者行走，也可以帮助他们进行强迫性康复运动等。

4. 军舰水下探伤机器人

长期以来，舰艇水下部位船体钢板和仪器设备的现场检测、修理，让海军检修部门费尽脑筋。由于缺少可用仪器，舰艇往往要等进坞或上排后才能进行检修，既延误了训练时机，又严重影响了舰艇执行应急任务的能力。现在海军某型现役驱逐舰水下探伤检修任务的情景与以往不同，该支队长期担任水下检测手的潜水员开心“换岗”，主角变成了一个以新型超声波探伤机器人为主的水下探伤仪。这次，操控手可以坐在甲板上指点新拍档——水下探伤机器人，如图 7-35 所示。

图 7-35 水下探伤机器人

由以上内容可知，将人工智能用于军事，使武器装备对目标进行智能探测、跟踪，对数据和图像进行智能识别，以及对打击对象进行智能杀伤，可以大大提高装备的突防和杀伤效果。巨大的军事潜力、超人的作战效能，预示着机器人在未来的战争舞台上是一支不可忽视的军事力量。

伴随着军队走入信息战争的时代，人工智能在军用领域必将得到越来越多的应用。军用机器人的研发既要有技术领域的突破，也要配合战术战法的升级。只有充分发挥军用机器人的优势，才能在战场上减少人员伤亡，更好地保护国家和人民的利益。

7.6.3 上天揽月、下海捉鳖：探索机器人

提到人工智能，人们自然会想起机器人，前面的章节已经介绍了服务机器人、军用机器人，本节主要介绍另外一种类型的机器人——探索机器人。

对于智能机器，无论是童年时期的组装玩具，还是在《变形金刚》中看到的会变形的汽车人，抑或是现在出现在人们生活中的智能机器人，人类似乎很想创造

出一个与自己类似的群体。人类由于具备学习能力，会制造工具，才从动物群体中脱离出来。现在，人类早已过了制造工具的阶段，正在逐渐向制造智能机器人的方向前进。

就如我国古代神话中的“女娲造人”，现代人类也开始了“造人”计划。随着人工智能技术的发展，人类对智能机器技术的掌握也进一步加强。人类不仅能制造与人类交流、为人类整理家务的智能机器人，甚至还可以制造一些能完成人类无法完成的工作的智能机器人。可以说，现阶段的智能机器人不仅能陪你聊天、为你工作，甚至还能做到“上天入地”。

实际上，目前的智能机器人已经大大超出人类的预期。随着人工智能技术的进一步发展，机器人将变得更加智能，工作效率也将明显提高。

探索机器人可在恶劣或不适于人类工作的环境中执行任务，较为典型的探索机器人有水下机器人、空间机器人、考古机器人。

1. 水下机器人

随着科学技术的进步，人类对海洋资源的开发力度逐渐加大。人类开发海洋资源的水深也逐渐从四五百米向 1 万米迈进。与陆地资源的开发相比，开发海洋资源的难度要更大。为了降低海洋资源的开发成本，提高海洋资源开发的工作效率，以及进一步增加海洋资源开发的工作深度，能长期进行海底作业的水下机器人应运而生。

水下机器人也称无人遥控潜水器，是工作于水下的极限作业机器人，能潜入水中代替人完成某些操作。

水下环境恶劣危险，人的潜水深度有限，所以水下机器人已成为开发海洋的重要工具。水下机器人能够在海底深处游走，帮助人们进行水环境观测、水下生物研究、海洋考察、海底生产设备维护、为港口及水道保驾护航等。这些智能机器人能通过海底的可再生能源充电站为自身补充动力能源，能长时间待在海底持续工作一年以上，并存储实时数据。等工作期满，这些海底智能机器人会浮出水面，由工作人员回收、分析数据信息。

2016 年，中国科学院沈阳自动化研究所自主研制的深海自主水下机器人“潜龙二号”（见图 7-36）和自主遥控混合式水下机器人“海斗号”（见图 7-37）先后成功完成试验性应用，前者取得我国大洋热液探测的重大突破，后者在我国首次万米深渊科考航次中成功应用，最大下潜深度为 10767m。据了解，我国水下机器人技术已达到国际先进技术水平，但与发达国家相比，仍存在成果应用慢、生态体系建设差距大等问题，宜乘势而上，从战略高度加快发展新一代水下机器人。

图 7-36 水下机器人“潜龙二号”

图 7-37 水下机器人“海斗号”

2. 空间机器人

探索机器人不仅在深海探测方面发挥着重要作用，在太空探索方面也展现出了强大的能力。由于空间环境和地面环境差别很大，空间机器人需要在微重力、高真空、超低温、强辐射、照明差的空间环境工作中，所以空间机器人与地面机器人的要求也必然不相同。例如，体积比较小，重量比较轻，抗干扰能力比较强；空间机器人消耗的能量要尽可能小，工作寿命要尽可能长；空间机器人几乎不能在空间停留，所以必须实时确定其在空间的位置及状态；要能对它的垂直运动进行控制等。

下面介绍几个比较著名的空间机器人。首先是美国的“勇气号”和“机遇号”火星探测器，它们都是用来在火星上执行勘测任务的探测器。其中，“机遇号”火星探测器于 2004 年登陆火星表面，一直超负荷工作到 2018 年 6 月。因为遭遇火星沙尘暴与美国宇航局失去联系，结束其使命，其间共传回超过 21.7 万幅图像。

接下来，认识我国的“嫦娥三号”月球车和“嫦娥五号”月球探测器。“嫦娥三号”月球车是我国绕月探月工程计划中嫦娥系列的第三颗人造绕月探月卫星。“嫦娥三号”月球车突破了月球软着陆、月面巡视勘察、月面生存、深空测控通信与遥控操作、运载火箭直接进入地月转移轨道等关键技术，实现了我国首次对地外天体的直接探测。

“嫦娥五号”（见图 7-38）是中国首个实施无人月面取样返回的月球探测器。与前几次探月任务相比，“嫦娥五号”最重要的任务目标是“采样返回”，这也是中国“探月工程”规划“绕、落、回”中的第三步，是中国进行外太空探索的历史性一步，也是 21 世纪人类首次完成月球采样返回任务。作为我国复杂度最高、技术跨度最大的航天系统工程，“嫦娥五号”首次实现了我国地外天体采样返回。从 2007 年的“嫦娥一号”到 2020 年的“嫦娥五号”，中国探月工程为人类探索月球做出了杰出的贡献。

图 7-38 “嫦娥五号”在轨飞行模拟

我国火星探测器于 2021 年 5 月 15 日成功实现火星着陆，截至 8 月 15 日，“祝融号”火星车（见图 7-39）在火星表面运行了 90 个火星日（约 92 个地球日），累计行驶 889m，所有科学载荷开机探测，共获取约 10GB 原始数据，“祝融号”火星车圆满完成既定巡视探测任务。火星车状态良好、步履稳健、能源充足，之后将继续向乌托邦平原南部的古海陆交界地带行驶，实施拓展任务。

图 7-39 “祝融号”火星车

3. 考古机器人

除了水下机器人和空间机器人，用于考古的探索机器人也开始逐渐得到应用。

2002 年，考古机器人（见图 7-40）走进古墓，对胡夫金字塔进行了考古行动。一扇从未开启的神秘之门被打开，考古机器人首次进入通道密室。墓穴内氧气稀薄，甚至具有有害气体，黑暗的墓穴有着复杂的地形，机器人传感器优越的测量范围和精准度得以施展，是人工智能和信息技术在考古学上的一次新尝试。

图 7-40 胡夫金字塔考古机器人

运用人工智能、信息技术等高科技手段，考古学取得了长足的进步，不仅发现了掩埋于沙漠中的墓葬，还寻找到了水下的沉船以及原始森林中的城市，甚至还可以用人工智能对文物进行修复，用科技留住时光。

2012 年，不来梅雅各布大学的研究人员成功地将远程移动机器人“Irma3D”（3D 应用绘图智能机器人，见图 7-41）用于罗马奥斯提亚古城（Ostia Antica）的发掘工作。在该技术出现之前，为了获得一个完整的 3D 模型数据，考古人员必须反复定位一个扫描仪，测量扫描点，再手动记录获得的数据。“Irma3D”的出现，使考古学家获得了一个可用的新工具，它可以被远程控制着行驶通过房间和回廊，并且同时完全自动地把周围环境进行数字化，得到完整的 3D 模型数据。

图 7-41 “Irma3D”在发掘现场

7.7 机器人的前景展望

在 21 世纪的今天，对于机器人的运用早已不是什么新鲜事，尤其在工业领域，工业机器人的应用给工业生产带来了前所未有的变革。人工智能和机器人技术给社会带来的改变每一天都可以感受到。正如百度的创始人李彦宏曾说："人工智能对于社会的影响会远大于互联网对于社会的影响，因为过去 20 年互联网对人类社会的影响主要是个人用户，而人工智能将会影响机构用户，同时影响个人用户。"具备人工智能的机器人的应用必然带来更大范围的影响，而这种影响既有正面效果，也有负面效果。

可以通过几项具体研究成果来体会机器人带来的正面影响。

2015 年，中国人民解放军国防科学技术大学研发出脑控机器人（见图 7-42），使科幻走向现实。科学家将人脑电波转换成指挥机器人的计算机指令，从而实现通过人脑直接控制机器人运动。通过脑控设备，把人脑作为一个环节接入系统，可以利用人脑的智能提升整个系统的智能化水平。在不久的将来，有行走障碍的残疾人可以用脑控轮椅代替双脚行走；对于开车族来说，实现脑控驾驶无疑是一大福音。

图 7-42　中国人民解放军国防科学技术大学研发的脑控机器人

2018 年，三星与瑞士洛桑联邦理工学院的神经蛋白中心开展了一项名为 Project Pontis 的计划，可将人的脑电波转成指挥机器人的计算机指令，旨在帮助运动功能障碍人士看上智能电视。为了用脑电波遥控电视，使用者要佩戴一个带有 64 个传感器的"帽子"，这些传感器能收集使用者脑电波数据并传输到计算机。与此同时，一个摄像头用于追踪使用者的眼部运动，再结合使用一套脑电波控制软件，使用者就可以通过脑电波遥控电视了。

此外，在2015年夏季的达沃斯论坛上，在“新领军者村”题为“行动中的机器人”展示区，展示了能够适应各种人类生活场景的机器人，包括协助老年人及残障人士的机器人队友，能够进行语言分析、满足人类情感交流需求的机器人伴侣，以及各种生产机器人。在当时的论坛上，各国专家学者就描绘了一幅更大的机器人应用场景。除了生活起居，从法庭判决、医疗诊断到战场作战等场景，机器人都可以代替人类。

科学技术的发展具有两面性，在机器人应用方面有充分的体现。例如，随着人工智能技术的快速发展，机器人可以代替人类从事更多的技术工作和脑力劳动，不可避免地会带来劳务就业问题，造成社会结构的剧烈变化。机器人有可能在未来的某一天不受人类的控制，给人类带来灾难性的后果，尤其在军事领域，机器人有可能会像在电影中那样成为人类的心腹大患。正因如此，科技人士包括特斯拉公司CEO埃隆·马斯克（Elon Musk）、硅谷旗下人工智能公司DeepMind创始人之一穆斯塔法·苏莱曼（Mustafa Suleyman）、著名人工智能专家托比·沃尔什（Toby Walsh）曾联名致信联合国，建议联合国要像禁止生化武器一样禁止机器人武器。

对于新技术的发展，难免会存在争论，每个人都会持有不同的态度和答案。客观来说，新技术会带来生产力的提高，它的演化在创造新事物的同时，也在残酷地消灭旧事物。对于人类来说，新生事物的出现需要审慎对待。

可以肯定的是，随着科学技术的进步，机器人会越来越多地出现在人类的工作、生活中，为人类带来更多的便利。

第 8 章 人工智能与智能汽车

本章重点关注人工智能在汽车领域的运用。当汽车在人们的生活中日益普及时，由于人为原因（如酒驾、疲劳驾驶、违反交通规则等）造成的交通事故频繁发生。随着科学技术的快速发展，探讨和利用人工智能实现智能驾驶，成为避免和降低事故发生的必由之路。智能驾驶技术就是汽车在驾驶过程中不需要人为操控，而是通过车载智能系统感应周围环境，通过所获取的信息自动规划行驶路线到达目的地，其中包含智能汽车的感知系统和行为决策系统的实现。

本章主要介绍智能汽车的概念，百度无人驾驶汽车，智能汽车的感知系统和行为决策系统，传统人工驾驶和智能驾驶的区别以及智能汽车的挑战性。

8.1 霹雳游侠：什么是智能汽车

老版电影《霹雳游侠》让很多 20 世纪 80 年代的影迷记忆深刻，剧中男主角驾驶着人工智能跑车 KITT 惩恶扬善。新版《霹雳游侠》中，当 KITT 进入战斗模式并通过空气运动悬挂系统和特殊的内部结构变形之后，变成了一辆速度非凡、火力强大、无人驾驶状态下的智能汽车。

8.1.1 智能汽车概述

智能汽车，顾名思义，是指智能化的汽车，就是在普通车辆的基础上增加了先进的传感器、控制器、执行器等装置，通过车载传感系统和信息终端实现人、车、路之间的信息交互，使车辆具备智能环境感知能力，能够自动分析车辆行驶的安全以及危险状态，并采取相应的决策。整体而言，智能汽车是集中运用了计算机、传感、信息融合、通信、人工智能及自动控制等技术，集环境感知、规划决策、多等级辅助驾驶等功能于一体的综合系统，是典型的高新技术综合体。

那么，为什么需要发展智能汽车呢？主要有四个原因：首先，从图 8-1 所示的

2006～2020 年全球汽车产量对比图可知，随着汽车产量的不断增加，汽车制造业已经成为全球最重要的产业之一。其次，随着汽车更新换代速度的加快，汽车的功能越来越齐全，外观越来越豪华，汽车的设计和制造技术不断提高，已发展成为一个技术水平越来越高的技术密集型和资金紧密型相结合的产业。再次，随着车辆的日益增加，不可避免地带来了交通事故、交通拥堵、环境污染、能源浪费等问题。最后，从安全角度来看，传统汽车非常依赖于驾驶员的技术和经验，而智能汽车所提供的自动泊车、高速变道、道路纠偏等功能，可以大大改善传统驾车高度紧张的状态，提升安全性。

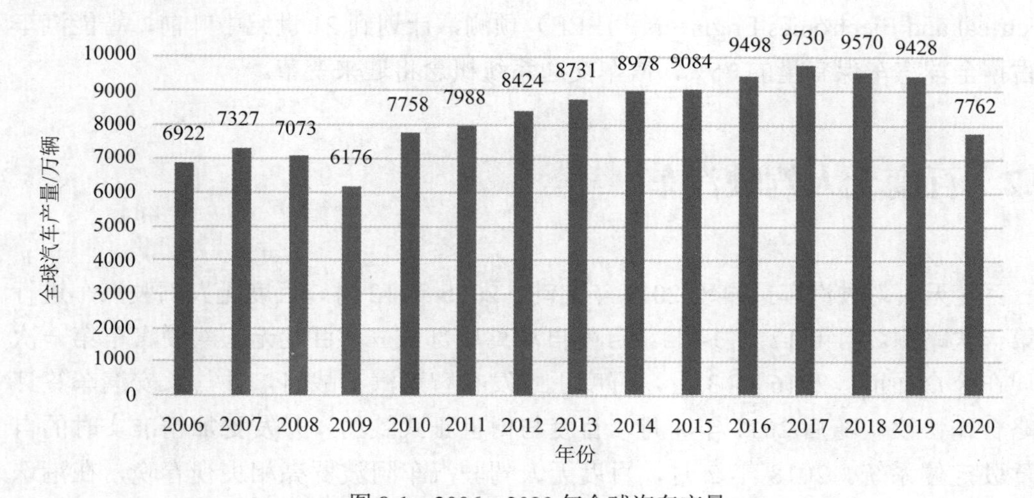

图 8-1　2006～2020 年全球汽车产量

8.1.2　智能汽车的发展阶段

智能汽车从人工驾驶将逐步发展成全自动驾驶，这是未来智能汽车发展的必然趋势。智能汽车的发展主要有以下五个阶段。

1）无智能化阶段。该阶段汽车由驾驶员时刻完全地控制。

2）特殊功能的智能化阶段。该阶段汽车在行驶过程中，由驾驶员对行车状态进行干预，具有一个或多个特殊自动控制功能，通过警告预防车祸的发生。

3）多项功能的智能化阶段。该阶段汽车具有将至少两个原始控制功能融合在一起的系统，完全不需要驾驶员对这些功能进行控制。

4）有限制条件的自动驾驶阶段。该阶段汽车能够在某个特定的驾驶交通环境下实现自动驾驶，汽车可以检测环境的变化，并可判断是否返回驾驶员驾驶模式。

5）全工况自动驾驶阶段。该阶段汽车能够实现完全自动控制。

自动驾驶是智能汽车的重要发展方向，在此背景下，国家也多次出台配套政策标准推动行业发展。国家发展改革委等11个国家部委联合出台的《智能汽车创新发展战略》（发改产业〔2020〕202号）中，针对自动驾驶提出了夯实包括复杂系统体系架构、复杂环境感知、智能决策控制、人机交互及人机共驾、车路交互、网络安全等在内的基础前瞻技术，建立健全智能汽车测试评价体系及测试基础数据库，重点研发虚拟仿真、软硬件结合仿真、实车道路测试等技术和验证工具，开展特定区域智能汽车测试运行及示范应用等内容。目前，我国智能网联汽车处于协同式智能交通与自动驾驶阶段；到2025年之后将处于智慧出行阶段。

当前，智能汽车发展形势良好。据美国电气和电子工程师学会（Institute of Electrical and Electronics Engineers，IEEE）预测，计划到21世纪中叶前，智能汽车将占据全球汽车保有量的75%，汽车交通系统概念将迎来变革。

8.2 百度无人驾驶汽车

百度无人驾驶汽车最早于2013年启动。2015年12月，百度无人驾驶汽车进行了第一次路测。同年12月14日，百度自动驾驶部成立，百度无人驾驶汽车第一次出现在公众面前。2016年3月，百度正式发布智慧汽车战略，并与长安汽车签订战略合作协议。随后2017年4月，百度与博世正式签约，开发更加精准实时的自动驾驶定位系统。2018年2月，百度无人驾驶汽车阿波罗亮相央视春晚，在港珠澳大桥开跑。2019年，百度无人驾驶出租车在长沙、沧州等地进行试运营，接送了超过10万名乘客。2020年，百度首发5G云代驾技术，实现完全无人驾驶功能，完成全球首次完全无人驾驶直播。

2015年，百度无人驾驶汽车进行了第一次路测，当时设计的路线是从北京中关村软件园的百度大厦，经过G4京新高速公路、五环路、奥林匹克森林公园，再按原路线返回。也就是说，在城市道路、环路和高速公路都实现了不靠人工干预的无人驾驶，实现了掉头（见图8-2）、多次跟车减速（见图8-3）、变道、超车、上下匝道等驾驶动作，完成了进入高速、汇入车流道、驶出高速的不同道路场景的切换，测试最高时速为100km。

用三个方面来概括本次路测：一是路况最复杂；二是动作最全面；三是对环境理解的精度最高，定位精度能够达到10cm，大大高于GPS定位3～5m的精度，标志着中国无人驾驶汽车的发展进入里程碑式的新阶段。下文将通过两个问题来介绍百度无人驾驶汽车，即百度无人驾驶汽车大脑的核心技术，以及百度无人驾驶汽车所使用的人工智能技术。

图 8-2　无人驾驶汽车掉头

图 8-3　无人驾驶汽车自动跟随

8.2.1　百度无人驾驶汽车大脑的核心技术

对于百度无人驾驶汽车大脑核心技术，主要从以下三个层面来介绍。

1）最底层是高精度的地图，来自百度自主研发的三维高精度地图技术，包括地图的采集、自动化处理系统。高精度地图是对物理世界路况的精准还原，通过道路信息的高精度承载，利用超视距信息，和其他车载传感器形成互补，打破车身传感的局限性，实现感知的无限延伸。

2）中间层是感知层和定位层，基于摄像头的自动驾驶环境感知技术，包括车辆检测、距离跟踪、速度估计、路面分割、车道线检测等，同时还包括厘米级精度的定位技术。

3）最核心的是智能决策与控制层，负责将汽车从初始位置导航到用户定义的最终目标，考虑车辆状态和环境的内部表现，以及交通规则和乘客的舒适度。无人驾驶汽车通过反馈的信息，建立相应的模型，通过分析制定出最适合的控制策略，代替人类进行驾驶。

百度无人驾驶汽车通过自身搭载的智能装置来实现各种功能（见图 8-4），如车载雷达、视频摄像头、激光测距仪、微型传感器、计算机资料库。此外，还有全球定位导航系统、红外传感器等，这些装置主要对交通指示牌、交通信号灯、道路标识、汽车行人等进行识别。

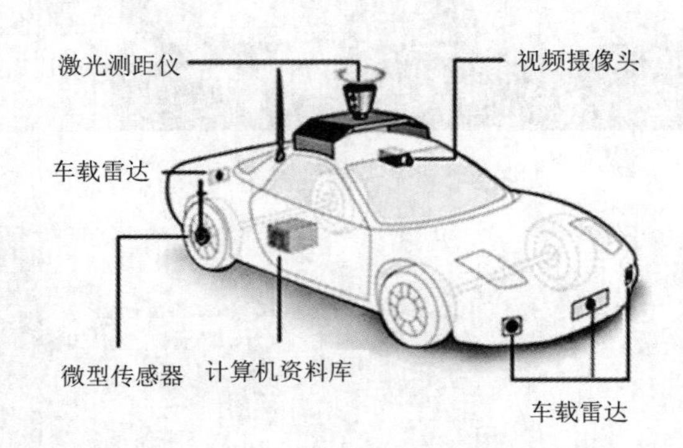

图 8-4 汽车智能装置

8.2.2 百度无人驾驶汽车的人工智能技术

百度无人驾驶汽车所使用的人工智能技术主要包括语音识别、视觉识别以及云端深度学习等方面。语音识别，主要是用户通过语音、人机交互对无人驾驶汽车下达指令，实现目的地的到达，以及观看电影、收听录音等各种娱乐需求。视觉识别可以协助无人驾驶汽车识别天气、道路拐弯、避免冲撞行人、遵守红绿灯规则等重要功能。云端深度学习是指无人驾驶汽车所有的路径都必须上传到云端，人工智能在云端进行高强度的深度神经网络模拟，运用服务器运算，再将数据传回到无人驾驶汽车。

百度无人驾驶汽车的发展规划是要实现三年商用，五年量产。那么，面对的最大困难是什么呢？最大的困难就是传感器的高额造价。比如，2014 年激光雷达造价高达 70 万元人民币，2015 年百度无人驾驶汽车使用的激光雷达设备的价格降至 50 万元人民币以下，但还是成本过高。目前百度与北京汽车合作，计划实现全自动驾驶汽车的量产。

8.3 智能汽车的结构

智能汽车主要包括智能驾驶系统、位置服务系统、安全防护系统、生活服务系统和用车服务系统五个方面。

1）在智能汽车的结构中，最重要的是智能驾驶系统，主要包括：

① 智能感知系统，可以对车辆所处的环境进行智能感知。

② 智能计算系统，可以利用感知到的信息进行综合计算。

③ 自主决策系统，可以利用计算结果进行智能决策。

④ 在线执行系统，可以执行所产生的决策，如加速、制动、变道等。

2）位置服务系统的功能包括提供位置提示、导航规划、多车互动等。

3）安全防护系统的功能包括车辆防盗、车辆追踪等。

4）生活服务系统的功能包括影音娱乐、信息查询、订阅服务等。

5）用车服务系统的功能包括保养提醒、异常预警和远程指导等。

本节将重点介绍智能驾驶系统中的智能感知系统和自主决策系统。

8.3.1 智能感知系统

自动驾驶的发展升级是从辅助驾驶到主宰驾驶，从提供单一功能、应对简单场景到可掌控所有场合，完全解放驾驶人。其间，智能感知系统需不断提高获取周边环境信息的全面性、准确性和高效性，它是自动驾驶的基础，也是贯穿升级的核心部分。

1. 智能感知系统的目标

智能汽车首先应有一套完整的智能感知系统，代替驾驶人的感知，提供周围环境信息。为保证汽车能自动识别各种情况，智能感知系统要实现三个目标。

1）安全性：实时、准确地识别周边影响交通安全的物体，应对突发事件，为避免发生交通安全事故而采取必要操作。

2）通过性：基于自身行驶性能、周边路况和共识规则，能够实时、可靠、准确地识别并规划出可保证规范、安全、迅速到达目的地的行驶路径。

3）经济舒适性：为车辆高效、经济、平顺行驶提供参考依据。

目前，智能感知系统主要是利用传感器、定位导航、车联通信[即车用无线通信技术（vehicle-to-X，V2X）]三种技术组合实现上述目的。传感器技术能够及时、快速掌握局部范围内各种人、车、路信息，有效应对周边突发事件；定位导航技术可确定车辆与路网其他单元的位置关系，提供全局视野，用于规划路径、优化驾驶体验；车联通信技术可使人、车、路信息互联共享，实时准确地大范围、全方位感知环境信息，有效弥补传感器感知范围有限、易受环境影响、定位导航感知实时性差、感知内容有限等缺陷。感知系统将真实世界的视觉、物理、事件等信息转换成数字信号，为车辆了解周边环境、制定驾驶操作提供了基本保障。

2. 智能感知系统的对象

智能感知系统对象包括行驶路径、周边物体、驾驶状态及驾驶环境四个方面。

1）对于结构化道路而言，包括行车线、道路边缘、道路隔离物、路况的识别。对于非结构化道路而言，包括车辆欲行驶前方路面环境状况的识别和可行驶路径的确认。要求车辆依照道路的行车线、道路边缘、恶劣路况和周边行驶车辆规划行驶路径。

2）要求智能车辆能够对行人和地面上的可能影响车辆通过性及安全性的其他各种移动或者静止的物体进行识别，还包括各种交通标志、标识的识别。

3）要对驾驶员的驾驶精神状态、车辆自身的行驶状态进行识别。

4）车辆要对路面状况、道路交通的拥堵情况以及天气情况进行识别。

3. 智能感知系统中的传感器

通过对智能汽车的了解，知道其智能感知系统有三个感知目标，实现这些感知目标需要的传感器主要包括视觉传感器、微波/毫米波雷达、激光雷达、超声波传感器、红外传感器、通信传感器，以及融合传感器等。根据各类传感器的特点，在不同应用场景和系统功能需求下，应选择不同的传感器类型。例如，在高速公路环境下，由于车辆速度较快，通常选用检测距离较大的微波雷达；在城市环境中，由于环境复杂，通常选择检测角度较大、信息量丰富的激光雷达、视觉传感器。单一传感器获取周围信息时，其安全性、整体性都相对较差，随着传感器和信息融合技术的快速发展，使不同传感器信息在时间和空间维度上的高精度数据融合成为可能，多传感器融合技术也趋于成熟。它可更精确地获取目标信息，完成障碍物的检测，是未来研发和应用的趋势。下面详细介绍几种智能汽车上常用的传感器。

1）视觉传感器，主要指车载摄像头，借镜头采集图像之后，摄像头内的感光组件电路及控制组件可对图像进行处理并转化为车载电脑能处理的数字信号，从而实现感知车辆周边的路况情况、前向碰撞预警、车道偏移报警和行人检测等功能。

2）微波/毫米波雷达，不受天气影响，探测距离远，在车载测距领域性价比最高，但难以识别行人、交通标志等。

3）激光雷达（见图8-5），包括激光发射部分、扫描系统、激光接收部分和信息处理系统，主要功能包括两个方面：一是对前方障碍物进行检测，以规避障碍物；二是对周围环境进行检测，并进行三维建模。主要缺点是成本高且在雨雪大雾天气效果不好。

图8-5　激光雷达

4）超声波传感器（见图8-6），利用超声波检测障碍物与车辆的距离。检测距离为1～5m，数据处理简单快速，但检测不了详细的位置信息，成本低廉，在倒车提醒等短距离测距方面优势明显。

图8-6　超声波传感器

5）红外传感器（见图8-7），由红外线进行测量，其环境适应性好且功耗低，常用于智能汽车中的夜视系统。

图8-7　红外传感器

6）通信传感器（见图8-8），基于无线网络等远程、近程的通信技术，进行车辆之间的信息交换，从而获得车辆行驶过程中周边环境的信息。

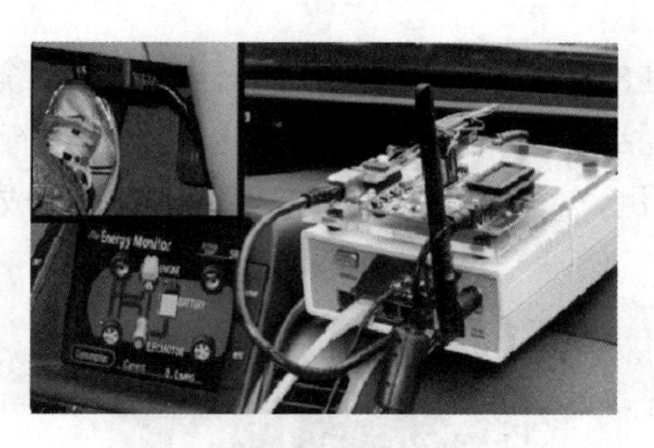

图 8-8　通信传感器

其中，视觉传感器主要是模拟人的视觉功能，通过可见光的摄像头，包括红外摄像头，进行视觉感知。激光雷达和微波雷达主要是对车辆周边的障碍物进行距离的测量。通信传感器基于无线网络等近程、远程通信技术进行信息查询。为了获得完全可靠的环境信息，多传感器信息融合系统可利用多个传感器进行数据采集，然后利用信息融合技术对检测到的数据进行分析、综合平衡，以提高智能汽车环境感知的可靠性与全面性。

8.3.2 自主决策系统

智能汽车的自主决策系统是指智能汽车通过传感器感知得到交通环境信息，考虑周边环境、动静态障碍物、车辆汇入以及让行规则等，与智能汽车驾驶库中的经验知识等进行匹配，进而选择适合当前交通环境的驾驶行为。决策的目标主要是保证车辆可以像人类一样产生安全的驾驶行为，满足车辆安全性能、遵守交通法规等原则。以智能汽车的智能认知能力进行分级，可以分为车辆控制行为、基本行车行为等。

智能汽车是如何进行自主决策的？当前，智能汽车的决策方法主要是基于强化学习的行为决策方法。基于强化学习的行为决策方法主要是利用各种学习算法来进行决策，利用智能汽车配备的各种传感器感知周边的环境信息，传递给强化学习决策系统，此时强化学习决策系统的作用相当于人脑，对各类信息进行分析和处理，并结合经验对智能汽车做出行为决策。

可以对比人类驾驶员的大脑，来理解智能汽车驾驶脑是如何工作的。在人类驾驶过程中，驾驶员大脑里存储着长期记忆和短期记忆，其中，长期记忆包括驾驶地图，表示驾驶员的知识和经验；短期记忆称为工作记忆，体现了驾驶员的选择性注意，仅仅关注刚刚过去的以及当前的周边驾驶态势。

驾驶的动机是要完成出行任务，从起点到终点的一次性路径规划；还包括学习和思维，通过可用路权和相似性匹配完成自主决策，控制下一时刻的行为动作。人类小脑中包含与性格相关的部分，它是由人的基因决定的，反映开车风格是保守还是张扬，还体现了小脑的动平衡能力。以上驾驶方面的人类特性，都给机器驾驶发展带来启发。当然，人类驾驶还受情绪的影响，但是机器驾驶脑可以拒绝人脑中的情绪，永远不因情绪而分散注意力，始终处于驾驶专注状态。总的来说，智能汽车驾驶脑可以模拟人类驾驶员的驾驶行为，但是避免被人的情绪所左右。

智能汽车配备有各种传感器，类比人的视觉通道，可分为三个通道，即 GPS+IMU 通道（全球定位系统+惯性测量单元）、雷达通道和图像通道，这三个通道分别负责定位、路权检测和导航。其中，定位就是解决在什么地方的问题；路权检测主要是解决周边有什么的问题；导航要告诉智能车辆下一步该怎么走。这三者的解决方案分别是 SLAM（simultaneous localization and mapping，同步定位与建图）、可用路权以及认知箭头。

智能汽车驾驶脑的数据流程图如图 8-9 所示。

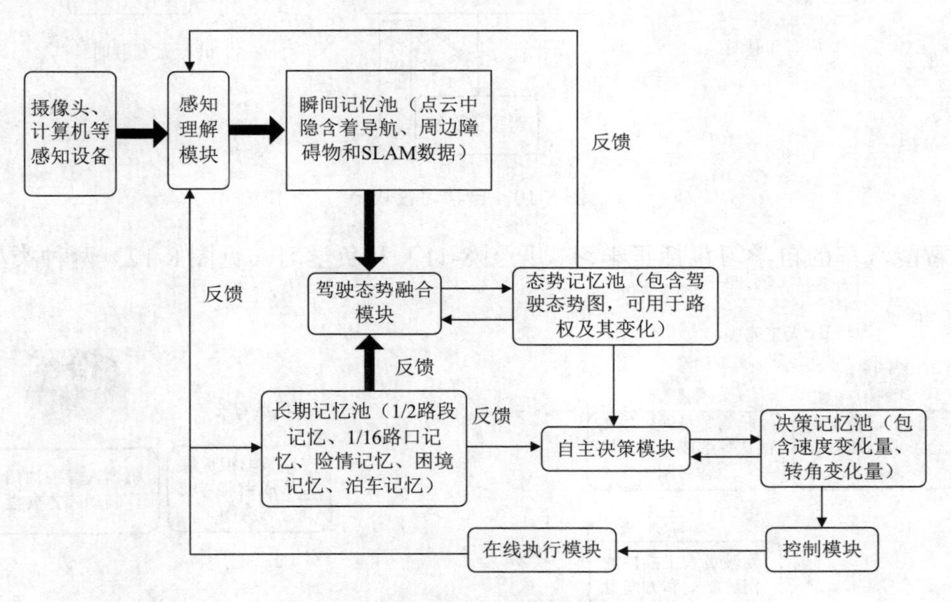

图 8-9　智能汽车驾驶脑的数据流程图

通过 GPS 雷达摄像头等传感器获得的数据，经过感知理解模块，形成驾驶地图点云，含导航、周边障碍物以及 SLAM 数据，形成瞬间记忆池。进一步通过驾驶态势融合模块，形成驾驶态势图，也就是获得可用路权以及路权的变化，这就是我们说的态势记忆池。然后通过自主决策模块形成驾驶决策，如速度的变化、转角的变化。再通过控制模块和在线执行模块对车辆进行加速制动决策。加上长期记忆池的辅助影响，形成闭环反馈控制。这里的长期记忆池包括 1/2 路段记忆、1/16 路口记忆、险情记忆、困境记忆、泊车记忆等。

下面介绍自学习模块（见图 8-10）的学习过程：把人工驾驶的控制量（如油门、

制动、方向盘的控制量）抽象化成认知箭头；机器人驾驶的时候，通过机器视觉形成驾驶态势图，这样就使认知箭头和驾驶态势形成一一对应关系；通过深度学习等方法，形成驾驶记忆棒；基于此以及驾驶态势图，通过以图搜图，形成合适的认知箭头，并进一步形成控制指令。

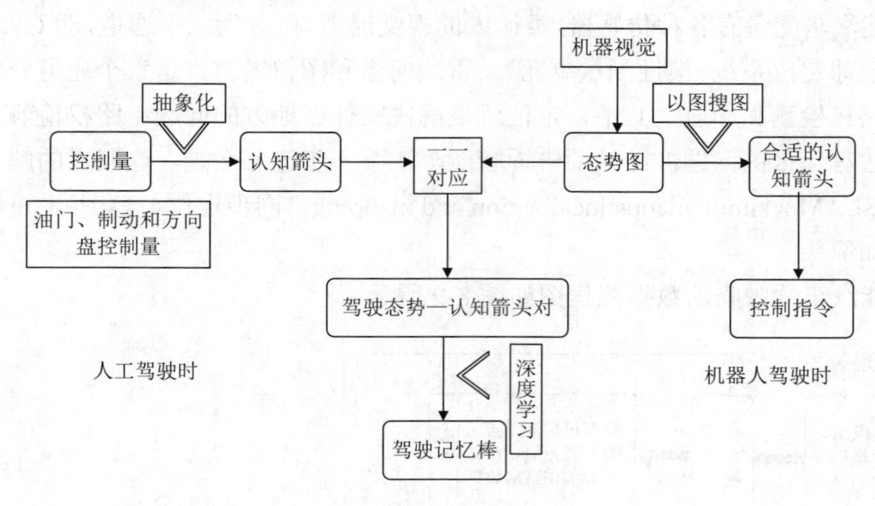

图 8-10　自学习模块

智能汽车的自学习包括正学习（见图 8-11）和负学习（见图 8-12）两种类型。

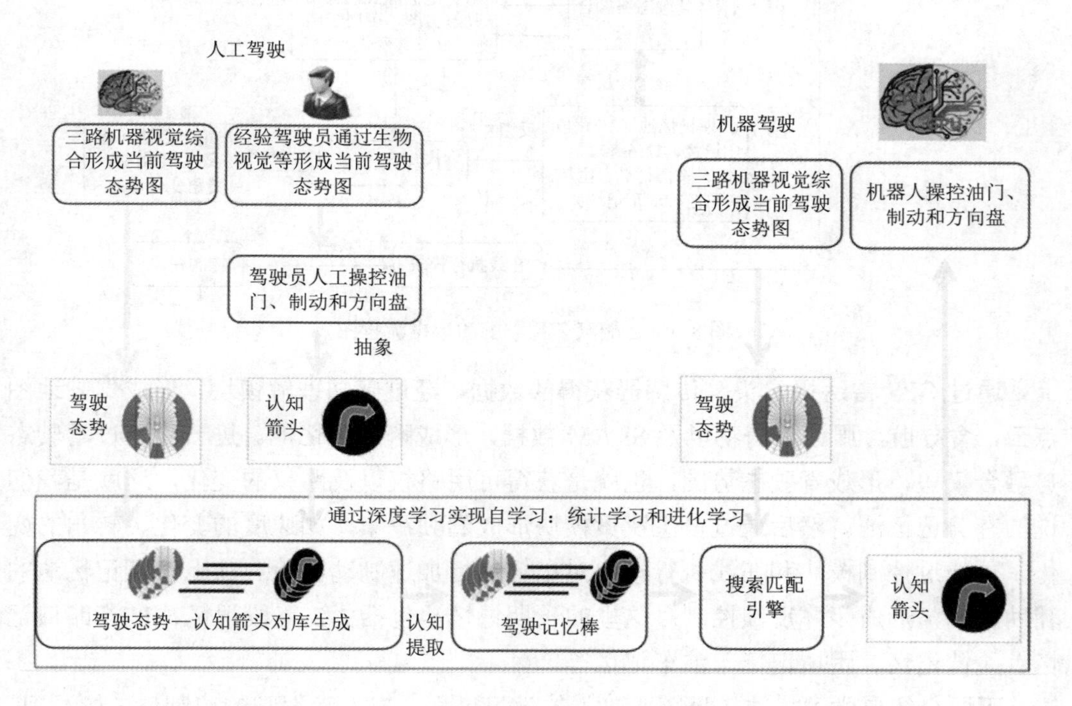

图 8-11　正学习

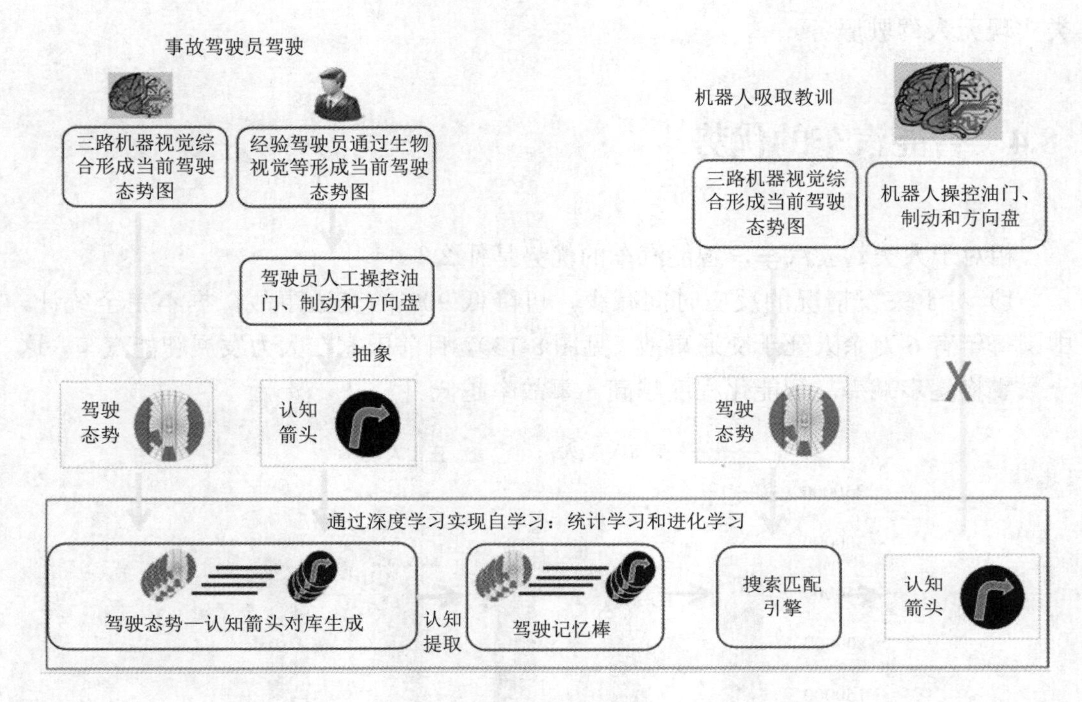

图 8-12 负学习

（1）正学习

正学习是指机器人向有经验的驾驶员学习。学习阶段把机器人驾驶的三路视觉综合形成的当前驾驶态势与人工驾驶的生物视觉形成的认知箭头进行映射。在实际的机器人驾驶阶段，根据当前的机器视觉综合形成当前态势驾驶图，与从学习阶段获得的映射关系进行搜索匹配，得到认知箭头，从而形成机器人操控油门制动和方向盘的决策。

这里最核心的阶段是认知匹配与认证提取及搜索匹配阶段，通常是通过深度学习实现自学习的。

（2）负学习

负学习是指机器人向事故驾驶员吸取行驶的教训。与正学习的区别在于，学习对象是事故驾驶员的行驶教训，从而使机器人在行驶过程中吸取教训，避免相应的错误操作。

以上完整地了解了智能汽车驾驶脑的工作过程。但是爱因斯坦的这段话，或许能带给我们新的启迪："我思考问题时，不是用语言进行思考，而是用活动的跳跃的形象进行思考，但这种思考完成以后，我要花很大的力气把它们转化成语言。"爱因斯坦的思维模式是先用右脑进行创新思考，然后用左脑转化成语言表达出来，左右脑共同发挥作用。或许，将来的智能汽车驾驶脑也能被充分挖掘潜力，为人类实现无人驾驶服务。

8.4 智能汽车的优势

相对于人类驾驶汽车，智能汽车的优势是什么？

1）对于突发情况的反应时间减少，可降低90%的交通事故。据不完全统计，中国每年有6万余人死于交通事故（见图8-13），目前国家在大力发展智能汽车，这一数字将逐步减少。智能化程度越高，事故率越低。

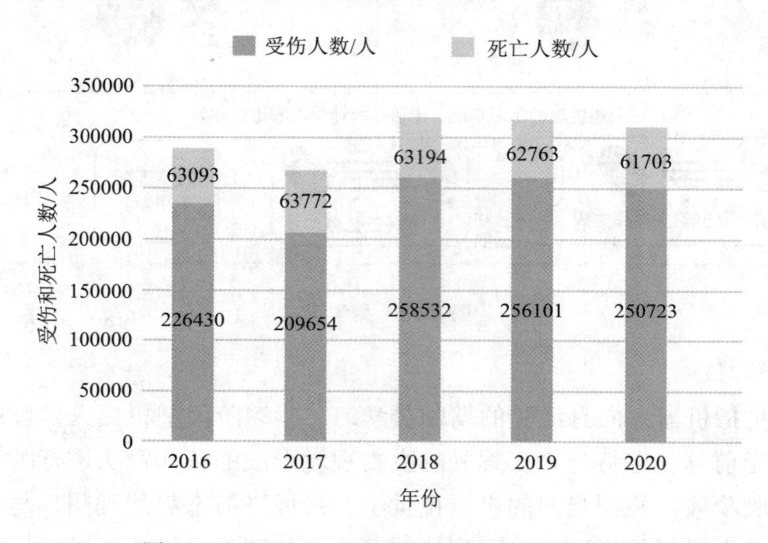

图8-13 我国2016～2020年交通事故伤亡人数

那么，在安全性方面，智能汽车与人类驾驶汽车存在哪些区别呢？下面来做一个对比。人类驾驶员从眼睛感知异常状态到手脚做出行动需要约0.6s，而从脚踩下制动踏板到制动系统开始起作用也需要0.6s，也就是说人类驾驶员的制动时间约为1.2s，如果以120km/h的车速计算，汽车的制动距离约为40m，而人类驾驶员的安全视距在50m左右。相反地，智能汽车可在约0.1s发现危险，智能汽车的制动时间约为0.2s。同样以120km/h的车速计算，智能汽车的制动距离仅约7m，而其超视距的扫描观测距离在200m以上。对比以上两个方面可以发现，智能汽车在安全性方面具有极大的优势。

2）智能汽车的温室气体排放将大幅减少。全球气候变暖与汽车尾气排放有着密切关系，因为气候变暖的底层原因是温室效应，而温室效应的罪魁祸首是二氧化碳。大量汽车排放的尾气造成生态环境恶化，导致人们生活质量降低。由于智能汽车在加速制动以及变速等方面进行了优化，因此有助于提高燃油效率，减少温室气体排放。据麦肯锡咨询公司预测，智能汽车每年将帮助减少3亿吨温室气体排放。

3）在共享经济条件下，私家车的采购量会减少。美国密歇根大学交通运输研究所研究显示，一旦采用智能汽车，由于利用共享智能汽车可以节省80%的开支，美国汽车保有量最高将下降43%。

4）大幅降低交通拥堵，智能汽车可以将高速公路容纳汽车能力提高5倍，谷歌智能汽车项目前专家塞巴斯蒂安·特龙（Sebastian Thrun）表示，一旦智能汽车成为主流，当前公路上只需要30%的汽车，这样可以大幅降低交通拥堵。

智能汽车在其他方面亦存在较大优势，如增大生活空间、节省等待时间、满足特殊乘客出行需求、提高救护车救护速度、降低运输成本等。

8.5 智能汽车面临的挑战

总的来说，智能汽车目前面临六个方面的挑战，即更快速更可靠的软件、更高精度的地图和定位方法、更优秀的传感器、提供智能决策的算法、沟通与协同问题以及网络安全与隐私保护问题。

1）更快速更可靠的软件。智能汽车除了要解放驾驶员的双手之外，还需要比人类驾驶汽车更安全，而目前的软件很难达到这种水平。举例来说，所有的电子设备软件都无法保证长时间运行无卡顿，这是主要的技术局限性，如果汽车软件发生卡顿或者错误，后果将会很严重，因此软件的设计与优化是一个很重要的环节。

2）更高精度的地图和定位方法。为了实现实时的智能导航，智能汽车需要很强的感知能力，而且在接到目的地的指令之后，必须快速制定一个优化的路线，这就需要高精度的地图和定位方法。然而城市道路环境复杂，目前地图的细致程度尚未达到高精度的要求。

GPS、北斗可以将定位误差限定在10cm以内，但是高楼和其他障碍物会阻挡导航信号的接收。目前导航系统更新频率还未达到极限，大约为10Hz（每秒更新10次），但由于智能汽车在快速移动，需要迅速更新位置，因此需要更高精度的定位方法。

3）更优秀的传感器。智能汽车集合了多种用途的传感器，以便能够进行精确的环境感知和识别，传感器的处理速度不够快，也会给突发情况的处理埋下隐患。优良的传感器不仅要能够感知路面上的钉子和落叶构成的威胁，而且还能识别出地面上普通的落叶和钉子的区别，并做出恰当的控制策略，而目前传感器的精度还有待提高。

4）提供智能决策的算法。在智能汽车驾驶的过程中难免会遇到突发情况。例如，人们经常会提到的电车难题，如果车速太快，车前面突然闯入行人，往右转会撞到公交车，往左转，会撞到绿化带，这种情况就需要智能汽车的控制算法，智能地计算和衡量不同结果，从而做出一个恰当的抉择。尽管谷歌、百度等互联网公司在汽车智能算法方面取得了不少重要成果，但是在涉及人类复杂行为的情况下，它们的表现能否让人信服还是一个未知数。

5）沟通与协同问题。协同问题包括人与车、车与车、车与交通信号系统的沟通与信息交互，需要对智能汽车与人车交通信号系统的沟通、交互协同进行研究并制定规则。目前，在交通系统中完全实现汽车的无人驾驶还有很长的路要走，如汽车之间的通信协议规范问题、有人与无人驾驶汽车共享车道问题、通用软件开发平台的建立问题、多种传感器之间信息融合以及视觉算法对环境的适应性问题等。随着5G在我国商用化正式落地，上述沟通与协同问题会得到较好解决。

6）网络安全与隐私保护问题。智能汽车是车联网的一个重要的关键组成部分，联网的汽车驾驶员个人及与汽车相关的信息都会暴露在公共网络平台，对网络安全与隐私保护埋下了很大的隐患，一旦车联网遭到侵入或者破坏，后果不堪设想。

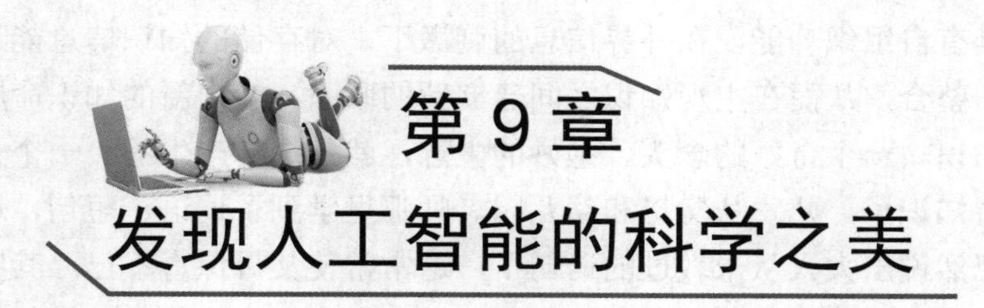

第9章 发现人工智能的科学之美

第2章至第5章，分别阐述了人工智能的实现方法、人工智能的视觉技术、人工智能的语音识别技术以及人工智能系统的控制方法；第6章至第8章，分别阐述了人工智能的应用概况、机器人是人工智能的集中体现、智能汽车的人工智能技术等。本章将从人工智能的发展与应用中发现科学之美，主要包括两方面：一方面是科学发展的美学；另一方面是人工智能给人类生活带来的诸多便利和美的享受。

本章主要介绍科学的本质、科学的发展模式以及人工智能的科学之美。

9.1 科学的本质

9.1.1 科学是一种知识

科学的本质是一种知识。第2章阐述了人类的智能活动如何获得并应用知识，因此作为科学的本质——知识是人工智能的基础。进一步地，按知识存在的形式不同，可以将其分为三类：意识形式知识、符号形式知识和物化形式知识。

1. 意识形式知识

意识形式知识是存在于人类大脑中的知识，或存储于人类记忆中的知识。在人类大脑中，知识信息到底是怎样存在的，迄今尚不清楚。一条知识信息输入大脑后，大脑皮层神经元内部如何建立起一个相应的联系，以及这个联系是怎样的，这些问题还有待人类继续探索。

知识的意识形式的特征为个体性、独特性和鲜活性。知识的意识形式属于个体，属于活生生的个人。说某人学富五车、才高八斗，说某人满腹经纶、学识渊博，讲的都是某人头脑中的知识非常丰富。不同的个体，其主观知识的结构与丰富度差异很大。一旦个体死亡，他的知识的意识形式也就随之消失。

知识的意识形式的本质特征是创造性。与人的大脑及其活动紧密联系的知识的意识形式，具有自组织功能，在外界信息的刺激下，对存储的知识信息能进行重新组织、调配、整合，从而在主观知识之间建立新的联系，给出新的知识命题，最后创造出新的知识。一个奇妙的念头、绝妙的主意，就是这样产生的。一个人儿童时期就开始创造知识了。儿童从父母和幼儿园老师那里学到了词语、短句，达到一定的量，就能忽然说出大人从未教过的语句了，这常常使父母惊喜不已。其实，每个孩子都能运用所掌握的有限的知识进行创造活动，说出新奇的句子，进行简单的计算，画出只有自己才能懂的图画。人类大脑中早期形成的知识的意识形式，都有可能变为构成新知识的原材料。一个人的意识形式的知识越丰富，其创造力就越强。

知识的意识形式由语言和表象构成。从知识是意识的某种状态来看，它无声无色、无形无相，它必须通过"什么"来显现自己。这个"什么"就是语言和表象。从知识是一种思维活动来看，这个活动的过程即是语言的过程，是字词按一定规则组合演变的过程，没有语言，也就没有思维活动本身，也就没有知识。从知识是思维活动的特定结果来看，其表现形式是语言文字。没有语言文字，也就没有知识本身。因此，语言文字和表象不是工具，不是手段，而是知识的构件，是知识的意识形式本身；语言、文字、图像与思想、意识、知识之间的关系，不是外在的工具性关系，而是同一性关系，从根本的意义上来说，语言、文字、图像就是思想意识知识。只有在超出知识的意识形式范围时，语言才有可能被当作工具看待。

知识的意识形式有一种自发地外化为其他形式（符号形式、物化形式）的趋势，这是由知识的意识形式的内在语言结构造成的；而外在的因素、社会实践和人际交往的需要，又促进了知识的意识形式向其他知识形式转化。

2. 符号形式知识

符号形式知识是由语言、文字、图画等符号所表述的知识。萌生于心、默记于心的知识，只有自己知道。虽然有心领神会之说，然而人类终究要将自己内心的知识告诉别人，传给后代，于是便产生了传达知识信息的符号。

知识的符号载体的变迁对于知识本身意义重大。早期，知识的符号载体是天然物：竹、木、石、甲、骨、草、皮革、丝帛、金等皆是古代知识符号的天然载体。2000 多年前的西汉时期，中国已有了造纸术，纸作为知识符号的载体，大大优于天然载体。纸，对于人类知识的保留、学习、传播与扩散，起到了极大的推动作用。公元 11 世纪北宋发明家毕昇发明了活字印刷术（用胶泥），15 世纪德国发明家约翰内斯·古腾堡（Johannes Gutenberg）首创金属活字印刷，大大提高了书籍的出版、发行、印刷效率，促进了人类知识在世界范围内的快速传播。图书、报纸、杂志成了近代社会最重要的大量复制的知识载体。

知识的符号形式随着数字化、网络化而发生了根本变化。电子光盘成了无所不包的符号形式知识的载体，互联网加速了符号形式知识的传送、存储。云计算、大数据、物联网等新形式的出现意味着知识的生产、传播、运用和学习方法的革命，意味着人们生存方式的革命。

知识在生产、存储、传输（电子数据传输）、扩散、创新、学习、获取等方面，由于数字化、网络化而受到不同程度的影响。知识存在形式的新变化，其深远意义绝不可小觑。人们有了意识知识、符号知识，便会照着它去做，于是便有了物化形式知识。

3. 物化形式知识

物化形式知识是凝聚在人造物体中的知识。自然并没有制造出任何机器、机车、铁路、电报、自动纺织机等，它们是由人类所创造的，都是物化的智力。机器既是智力，也是知识物体化的形式，如人工智能系统就是科学和知识的一种集中体现。

当依据一定的科学理论知识和经验知识、采用一定的新技术生产出某种新物质产品时，即是说前述科学技术知识被物化到这种产品中，换言之，该新物质产品是知识的物化形式。例如，原始社会的先民打磨制成的新旧石器、制作的弓箭及图腾柱等，是知识的物化形式。近代，机械钟表是知识的产物，钟表里包含了自动运动原理、匀速运动理论等知识。当代，从信息技术来说，知识的物化形式有用户终端（个人计算机、电视录像设备、电视、电子游戏机、传真、调制解调器等）和网络基础设施（数字总线、具有电缆连接的家庭网络、具有卫星接收系统的闭路电视等）。

一切物质产品都是知识的物化形式吗？这在于人们从什么角度去考察。猎人用弓箭射中一只野兔，弓箭可以说是知识的物化形式，那么被射中的野兔呢？

人类的一切劳动产品中都凝聚着体力劳动和智力劳动。当我们指称某物是“物质产品”时，意思是，它是人们耗费了体力劳动和智力劳动的成果；当我们说某物品是“知识的物化形式”时，是就该物品与知识即与耗费在其中的智力劳动的关系而言的。显然，两种称谓有含义的不同，不能把“物质产品”和“知识的物化形式”简单地等同起来。

此外，人类的一切劳动产品中，虽然既含体力劳动，又含智力劳动，但两者的比例不同。如果劳动产品中的知识含量（智力劳动）较多，那么可以称其为知识的物化形式；反之，知识含量极少的劳动产品（如被射中的野兔），就不能冠以“知识的物化形式”之美名。

知识的物化形式隐含着新知识的胚芽。知识的物化形式不是惰性的物，而是活的、有着潜在发展可能性的物，原因就在于它包含知识，本身就是知识的化身。当居里夫人从沥青铀矿渣中提炼出镭盐时，相信镭有治疗疾病等作用，然而，镭开启微观世界大门的功勋以及在后来所起的多方面巨大作用毕竟还是居里夫人始料不及的。20 世纪中叶美国军方出于数学高速计算的需要，拨款支持研制电子计算机。岂料，计算机不只和计算有关，不到半个世纪，已极大地影响了人类的生存和生活方式。可以相信，一个新发现、新创造的知识的物化形式，可能意味着一座新的知识宝库之门的打开。

9.1.2 言传知识与意会知识

个人在涉及对某一事物的认识时，常常陷入一种“只能意会，难以言传”的境地，我国古代即有“言不尽意”“意在言外”之说。“意之所随者，不可言传也”，表明作为我们思维外化的语言并不能尽情地表达出我们的内心活动，还存在着非语言的所谓意会问题。

英国物理化学家、哲学家迈克尔·波兰尼（Michael Polanyi）（见图 9-1）把知识分为言传知识和意会知识。他认为科学知识中也有意会知识，他甚至把言传知识比喻为巨大冰山露出水面的小小的尖顶。波兰尼强调长期被人忽略的意会知识是有意义的，但不能因此认为科学“只可意会，不可言传”。

图 9-1 迈克尔·波兰尼（Michael Polanyi）

意会知识存在的重要现实意义在于“想办法表达出来”。中国古代禅宗语境，个人体悟的东西主要以“不立文字”的“以心传心”方式进行表达与传递。实践表明，这种“只可意会，不可言传”的表达方式存在一定局限性。在倡导知识共享与扩散的现代社会，通过有效传播并实现其价值的知识才是“真知识”，以内隐形式存在的专属个人意会的知识如果无法言传，就失去了知识存在的根本目的和现实意义。

科学是人类所积累的关于自然、社会、思维的知识体系。科学必须是言传知识，必须是可表述、可解释、可论证的，否则各种神秘主义、伪科学就会混淆视听。因此，当前人工智能的一个重要研究方向是“可表述、可解释的人工智能”。

9.1.3　自然科学是关于物质和运动的认识

自然科学与社会科学、思维科学并称为科学三大领域。自然科学是以定量作为手段，研究无机自然界和包括人的生物属性在内的有机自然界的各门科学的总称，包括天文学、物理学、化学、地球科学、生物学等。

自然科学本质上是关于自然界物质和运动的认识。自然界是个庞大的系统，那么自然科学是以什么为切入口来研究自然界的呢？或者说，自然科学研究自然界时，主要研究的是什么呢？

自然科学的研究对象主要是物质或物体，而物质或物体只有在运动中、在相关联系中才能被认识。恩格斯认为，在自然界存在着四种基本的物质运动形式，即机械运动、物理运动、化学运动和生物运动。机械运动是指天上和地上物体的运动（位移）；物理运动主要是指分子的运动；化学运动主要是指原子的运动；而生物运动是指生命的运动，其载体是蛋白质。这四种基本物质运动形式不是平行并列的，而是有一个从简单到复杂、由低级到高级的转化过程。

关于人工智能，存在着机器能否有能动性和创造性的问题，如机器能否绘画、写诗、创作小说和开展科学技术上的发明创造。现在这些事情人之所以能，机器之所以不能，其原因在于对这些事情，我们尚未认识到或找到可循的规律性。美国科学家维纳曾说：“……似乎是大脑能够掌握尚未完全明确的含糊观念。在处理这些观念时，计算机，或者至少是今天的计算机，几乎还不能给自己进行程序编制。在诗歌、小说、绘画方面，大脑似乎能很好地运用这些材料，但计算机则会认为这些材料没有固定形式而拒绝接受它们。”当然，模糊数学和知识表达新方法的产生和发展使得对人类部分知识、经验进行编程成为可能。有规则可循，机器就可以去处理；无规则可循，机器就不能处理。在文艺创作和科学发明方面所遇到的问题，表明在人脑和机器之间可能存在着某些本质的差别。

9.1.4 科学是一种社会建制

科学本质上是一种社会建制，英国科学家约翰·贝尔纳（John Bernal）在1954年出版的《历史上的科学》一书中描述了科学的多重形象，提出：科学作为一种建制而有数以几十万计的男女在这方面工作，是一种社会职业（20世纪以来，世界职业科学家急剧增加，1970年已达300万人，2000年更是达到了惊人的1000万人）。科学是"一种方法"，科学家采用一整套程序性和指导性的思维规则和操作规则取得科学成果；科学是"一种累积的知识传统"，科学的每一次收获，不论新旧程度如何，都应当能随时经受得起用指定的器械按指定的方法对指定的物料进行检验。科学是"一种维持或发展生产的主要因素"，科学与技术的密切结合导致生产的发展和社会进步。

贝尔纳认为科学是不断增长的知识集合体，并强调科学是由一大批思想家和工作者前后相继的反应和观念来逐层建构的，尤其是他们的经验和行为。譬如电学或者原子物理学，是在前人发现的基础之上又有新的发现，如果说没有前人的发现，后人也就不会有今天的成果。将科学的历史传承性放在社会的角度看，可以把科学看作是人类一直合作努力的结果，从而了解并控制人类自己所处的环境，这就是科学的社会性。

知识社会学中的建构主义观点认为：自然科学知识的内容不仅仅来自自然界，而且是由科学家在社会活动中建构出来的。自然科学的发展受到各种社会因素的影响，但它的内容是对自然界各种物质形态、运动形态的具体本质、具体规律的正确反映，并不是科学家关在实验室里随心所欲闭门造车的结果。

从这个角度来说，人工智能的发展正是科学家从实验室走向工程与社会应用的结果，这些应用也进一步推进了人工智能理论的发展。

9.1.5 科学是一种活动

科学本质上也是一种活动，是人类最初认识自然的活动，是生存活动的一部分。体力劳动与脑力劳动分工以后，科学认识活动逐渐形成。到了近代，出现了一批既有专业分工，又有广泛学术交流的职业科学家，建立了一定的研究机构与组织。科学家采用系统的科学研究方法和认识工具，使用一套专门的学术用语和符号。

社会为科学家提供了一定的经费和奖励，学校培养了专门人才，出版了大量的学术性和普及性的刊物和著作，这一切使得自然科学认知活动成为一种典型的、系统的、专业化的、高级的认知活动。

对于科学，需要秉持知行合一的态度，也就是说，实践是检验和推动科学的唯一标准。知行合一，是由明朝思想家王守仁（见图 9-2）提出来的，他认为："认识事物的道理与在现实中运用此道理，二者是密不可分的。"科学也不例外，世界上没有完全脱离实践的科学。

图 9-2　明朝思想家王守仁

实践是科学理论、创新思维的源泉，是检验真理的试金石，也是人工智能发展的有效途径。

9.2　科学发展的模式

科学发展一共有四种模式，分别是因经验积累而进步的发展模式、通过证伪而增长的发展模式、范式嬗替的科学革命模式和基于研究纲领进化的发展模式。

9.2.1　因经验积累而进步的发展模式

因经验积累而进步的发展模式最早的代表是 19 世纪英国科学哲学家威廉姆·惠威尔（William Whewell），他通过对科学史的研究发现："科学是在'从事实出发，用概念去综合事实，使事实上升为定律，再通过综合上升为理论'这个历史过程中进步的。”他强调科学通过把过去的成果逐渐合并到现在的理论中而不断进化。例如，牛顿的万有引力定律相对于伽利略定律、开普勒定律的研究体现为一种进步，是因为在牛顿理论中包含了伽利略的自由落体定律、开普勒的行星运动定律等。

美国著名科学哲学家托马斯·库恩（Thomas Kuhn）对于这种发展模式做出了如下评价:“科学的发展成了一点一滴的进步，各种货色一件一件地或者一批一批地添加到那个不断加大的科学技术知识的货堆上。”同时他指出，这种模式存在一个根本缺陷：忽视了科学中的革命现象，不能解释那些在逻辑上与传统科学理论不同的原创性的、革命性的新理论的产生过程。

9.2.2 通过证伪而增长的发展模式

科学发展的第二种模式是通过证伪而增长的发展模式。英国哲学家卡尔·波普尔（Karl Popper）认为:“科学理论不能通过归纳得到证实，但却能被证伪。”科学理论的发展并不是一个不断积累的过程，而是科学理论不断被经验反驳和证伪的反复过程。

猜想和反驳是科学发展过程中最基本的环节。因此，科学理论的发展过程就是要大胆地提出假说，通过证伪再推翻理论的过程，科学知识的增长或科学理论的发展是通过不间断的革命实现的。

波普尔的证伪模式如下：

$$P_1—TT—EE—P_2$$

也就是说，科学研究从问题 P_1 开始，经过试探性理论 TT，又经过批判性检验、排除错误 EE，进而提出新的问题 P_2。这四个环节循环往复，推动科学理论不断地发展或进步。波普尔的证伪模式的意义主要有以下三个方面。

1）科学问题是科学理论演变的源泉和动力。问题是认识的起点，也是认识的终点，由此推动着科学理论的演变或进步。

2）科学理论本质上是一种猜想。为了解决问题，科学家通常会提出若干尝试性的理论猜测，以便从中比较、选择出最有解释和预言能力的科学理论。

3）科学只有在不断地证伪和批判中才能前进。无法用经验和逻辑挑选出正确的理论，但能够用经验和逻辑挑选出错误的理论，科学理论的演变或进步的实质在于通过对理论的证伪把其中的错误和迷惘排除。

9.2.3 范式嬗替的科学革命模式

科学发展的第三种模式是范式嬗替的科学革命模式。1962 年，库恩在《科学革命的结构》中提出的科学理论发展的模式是“从前科学—常规科学—反常—危机—科学革命—新的常规科学”。该范式的形成，标志着从原始科学到成熟科学的重要转折。

随着常规科学的发展，各类现有范式不能解释的“反常”现象不断出现，进而导致一系列重大的科学发现，要求对现有的范式进行调整和变革，直到发生新范式取代原有范式的重大变革。例如，氧的发现、X 射线的发现、天王星的发现等都属于这些“反常”的科学发现。

9.2.4　基于研究纲领进化的发展模式

科学发展的第四种模式是基于研究纲领进化的发展模式。英国科学哲学家伊姆雷·拉卡托斯（Imre Lakatos）提出科学研究纲领的理论。科学研究纲领由“硬核”“保护带”“启发法”三者组成。“硬核”是指这个科学研究纲领的核心部分或本质特征，它包含非常一般的、构成纲领未来发展基础的基本假设和基本原理。硬核的周围是保护带，它由各种辅助性假设、初始条件或背景知识组成，是研究纲领的可反驳的弹性地带。启发法包括反面启发法和正面启发法。反面启发法是一种方法论上的反面的禁止性规定，它本质上是一种禁令，规定应该避免哪些途径或不应该做什么。正面启发法是一种积极的鼓励性规定，它规定应该遵循什么样的途径或应该做什么。科学研究纲领是一组具有严密内在结构的科学理论系统。

以科学研究纲领理论为基础，拉卡托斯提出的科学理论的演变模式是：科学研究纲领的进化阶段到科学研究纲领的退化阶段，再到新的科学研究纲领证伪并取代退化的科学研究纲领阶段，最后进入新的科学研究纲领的进化阶段。

9.3　人工智能的科学之美

9.3.1　人工智能发展的美

纵观人工智能短暂而曲折的发展历史，总共经历了三次浪潮，但它的点滴进步都有力地推动了社会的发展。第一次浪潮：人工智能诞生并快速发展，但技术瓶颈难以突破。第二次浪潮：模型突破带动初步产业化，但推广应用存在成本障碍。第三次浪潮：信息时代催生新一代人工智能，但其未来发展仍存在诸多隐患（见图 9-3）。

第一次浪潮是从 1955 年至 1976 年，那时符号主义盛行，行为主义占主流。1955 年，美国认知心理学家纽厄尔和美国科学家西蒙合编了一个名为“逻辑理论家”的

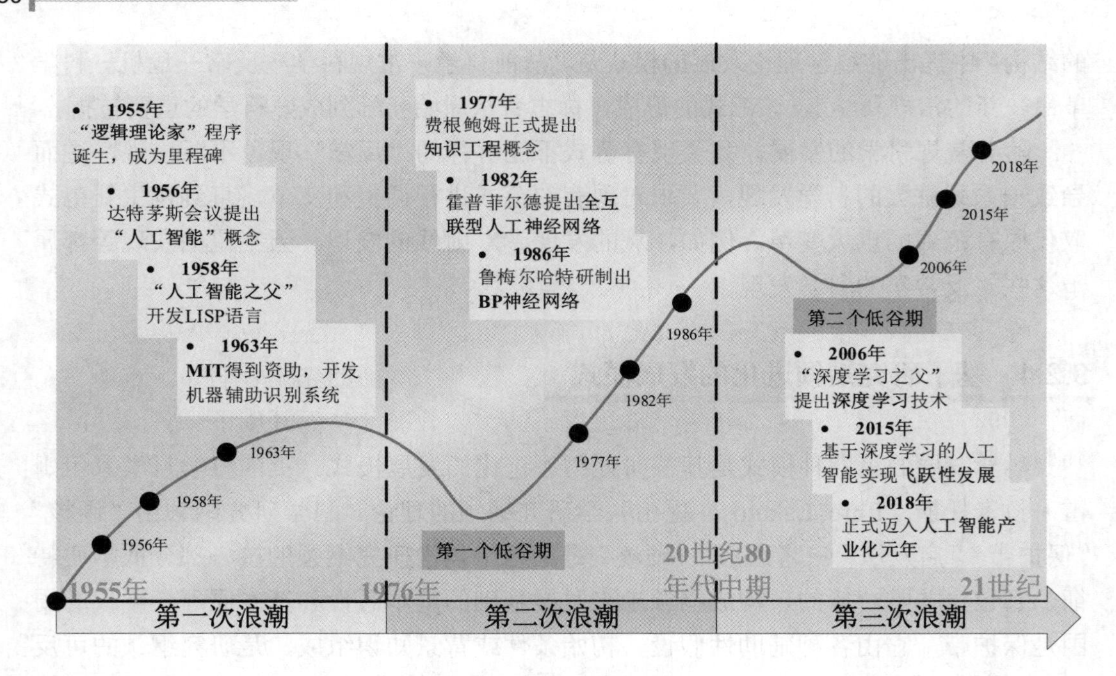

图 9-3 人工智能的发展历程

程序。该程序能够在解决问题的各个路径中选择最具潜力的路径，被认为具有一定的智能，是人工智能发展过程中的一个里程碑。1956 年，在达特茅斯会议提出“人工智能”这一概念之后，一些大学纷纷设立人工智能研究中心，寻求有效的求解算法，包括进一步优化“逻辑理论家”程序和建立具有自学习功能的系统。1957 年，“逻辑理论家”程序的开发团队推出了新程序“通用解题机”（general problem solver, GPS）。这个新程序扩展了美国数学家维纳的反馈理论，可以解决很多常识问题。两年后，IBM 公司开发了一个用于证明几何定理的程序。1957 年，美国计算机科学家弗兰克·罗森布拉特（Frank Rosenblatt）等研制了感知器，利用感知器可以进行简单的文字、图像、声音识别。1958 年，美国计算机科学家麦肯锡宣传开发了 LISP 语言，该语言很快就被大多数人工智能开发者采用。1963 年，美国麻省理工学院得到美国政府的资助，研究开发了机器辅助识别系统，加快了人工智能发展的步伐。

正当人们在为人工智能所取得的成就而高兴时，人工智能却遇到了许多困难，遭受了很大的挫折。例如：

1）在博弈方面，美国 IBM 公司塞缪尔的下棋程序在与世界冠军对弈时，5 局 4 败。

2）在定理证明方面，鲁滨逊归结法的能力有限。当用归结原理证明“两个连续函数之和还是连续函数”时，推了 10 万步也没证明出结果。

3）在机器翻译方面笑话百出，例如把“心有余而力不足”的英文句子“The spirit is willing but the flesh is weak”翻译成俄语，再翻译过来时竟变成了“酒是好的，肉变质了”，即英文句子“The wine is good but the meat is spoiled”。

4）在求解问题时，由于过去的研究一般针对具有良好结构的问题，而现实世界中的问题多为不良结构，会产生组合爆炸问题。

在其他方面，人工智能也遇到这样或那样的问题。一些西方国家的人工智能研究经费被削减，研究机构被解散，一时间全世界范围内的人工智能研究陷入困境，跌入低谷。

第二次浪潮从 1976 年至 20 世纪 80 年代中期，属于应用期，也有人称为低潮时期。虽然人工智能遭遇了上文所描述的困难，但人工智能的先驱者们并没有退缩，他们在反思中认真总结人工智能发展过程中的经验教训，从而开创了一条面向应用开发的新发展道路。

随着计算机体积的缩小、能耗的下降、计算速度的提高和存储容量的拓展，计算机处理信息的能力不断增强。20 世纪 70 年代，在一般的信息系统基础上开发了很多专家系统，比如 1977 年，美国科学家费根鲍姆正式提出知识工程的概念，进一步推动了基于知识专家系统及其他知识工程系统的发展；1978 年我国推出了“关幼波肝病诊断与治疗专家系统”，此外还有探矿专家系统、股市预测专家系统等。

此外，在知识工程长足发展的同时，一直处于低谷的人工神经网络开始慢慢复苏。1982 年，美国物理学家约翰·霍普菲尔德（John Hopfield）提出了一种新的全互联型人工神经网络，成功地解决了计算复杂度为 NP 完全的“旅行商问题”。1986 年，美国认知心理学家大卫·鲁梅尔哈特（David Rumelhart）等研制出了具有误差反向传播功能的多层前馈网络，即 BP 网络，实现了美国科学家明斯基关于多层网络的设想，这使得连接主义学派迅速崛起。

但是，在后来的十几年内人们发现神经元网络解决单一问题可以，解决复杂问题不行。训练学习的时候，数据量太大，有很多结果到一定程度就不再往上升了。人工智能再一次进入低迷时期。

第三次人工智能浪潮发生在 21 世纪，也就是目前人类正在经历的人工智能浪潮。人工智能的第三次浪潮缘起于 2006 年英国科学家“深度学习之父”杰弗里·辛顿（Geoffrey Hinton）等提出的深度学习技术。2015 年基于深度学习的人工智能算法在图像识别准确率方面第一次超越了人眼，人工智能实现了飞跃性的发展。随着机器视觉研究的突破，深度学习在语音识别、数据挖掘、自然语言处理等不同研究领域相继取得突破性进展。2016 年，微软公司将英语语音识别词错率降低至 5.9%，可与人类相媲美。2018 年，云从科技在端到端的语音识别领域再获突破，在 LibriSpeech 的 test-clean 数据集上的错词率降低至 3.4%左右，超过了百度、美国约翰霍普金斯大学、德国亚琛工业大学等企业及高校在端到端模型上取得的效果。如今，人工智能已由实验室走向市场，无人驾驶、智能助理、新闻推荐与撰稿、搜索引擎、机器人等应用已经走进社会生活。因此，2018 年也被称为人工智能产业化元年。

以上人工智能发展的三次浪潮展现了科学发展螺旋式上升的模式，充分体现了科学发展的美学。

9.3.2 人工智能给人们生活带来的美

接下来我们一起来欣赏人工智能给社会和人们生活带来的美。图 9-4 所示为人工智能支撑的智能厨房。人工智能为构建高效的住宅设施与家庭日常事务的管理系统，提升家居安全性、便利性、舒适性、艺术性，并实现环保节能的居住环境提供了可能。

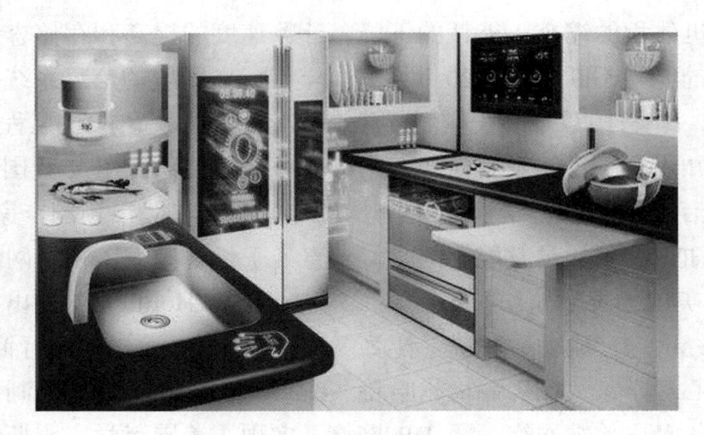

图 9-4 人工智能支撑的智能厨房

通过第 8 章的学习，我们知道人工智能赋予了车辆一双可以观察世界的眼睛、一对灵敏的耳朵和一个聪慧的大脑（见图 9-5），使它可以带我们去任何我们想去的地方。

图 9-5 智能汽车驾驶环境

学习机器人能帮助孩子学习、助力孩子成长，让他们在童年多了一个智能的、可以一起生活的伙伴。另外，当我们回到家，扫地机器人能给人们一个舒适干净的环境。

继 AlphaGo 战胜围棋顶尖高手之后，人工智能机器人所“撰写”的小说获得大奖，第一本人工智能诗集已经出版，人工智能机器人还能模仿书法大家的笔迹（见图 9-6）。

图 9-6　书法机器人

正如谷歌公司 CEO 桑达尔·皮查伊（Sundar Pichai）所说：“人工智能带给我们的生活和工作的改变将超过火和电。”确实，人工智能已经慢慢走进人们生活。不仅如此，在未来，人工智能一定会存在于人类社会和生活的方方面面，让人们的生活更加美好。

参考文献

冯志刚，王麟，2019. 明日的王者人工智能：科幻电影中的信息科技[M]. 北京：科学出版社.

李德毅，2018. 人工智能导论[M]. 北京：中国科学技术出版社.

刘少山，唐洁，吴双，等，2017. 第一本无人驾驶技术书[M]. 北京：电子工业出版社.

罗保林，林海，2020. 与人共舞：人工智能成就梦幻世界[M]. 北京：科学出版社.

马少平，朱小燕，2014. 人工智能[M]. 北京：清华大学出版社.

山本一成，2019. 你一定爱读的人工智能简史[M]. 北京：北京日报出版社.

史忠植，2016. 人工智能[M]. 北京：机械工业出版社.

双元教育，2018. 工业机器人技术基础[M]. 北京：高等教育出版社.

王万良，2020. 人工智能通识教程[M]. 北京：清华大学出版社.

王万森，2017. 人工智能原理及应用[M]. 4 版. 北京：电子工业出版社.

王耀南，2020. 移动作业机器人感知、规划与控制[M]. 北京：国防工业出版社.

悟空，2019. 人人都能懂的人工智能[M]. 北京：电子工业出版社.

徐红，2019. 人工智能通识教程[M]. 济南：山东科学技术出版社.

张军平，2019. 爱犯错的智能体[M]. 北京：清华大学出版社.

智能相对论，2019. 人工智能十万个为什么：热 AI 冷知识[M]. 北京：电子工业出版社.

智 AI 兄弟，2018. 人工智能大冒险：青少年的 AI 启蒙书[M]. 北京：人民邮电出版社.

周苏，鲁玉军，蓝忠华，等，2020. 人工智能通识教程[M]. 北京：清华大学出版社.

周志华，2013. 机器学习[M]. 北京：清华大学出版社.

URWINR，2018. 极简人工智能：你一定爱读的 AI 通识书[M]. 有道人工翻译组，译. 北京：电子工业出版社.